Ekkehard D. Schulz

55 Gründe, Ingenieur zu werden

W0386137

Ekkehard D. Schulz

55 Gründe, Ingenieur zu werden

MURMANN

Bibliografische Information der Deutschen Nationalbibliothek

Die Deutsche Nationalbibliothek verzeichnet diese Publikation in der Deutschen Nationalbibliografie; detaillierte bibliografische Daten sind im Internet über http://dnb.d-nb.de abrufbar.

ISBN 978-3-86774-105-7

Das Werk einschließlich aller seiner Teile ist urheberrechtlich geschützt. Jede Verwertung ist ohne Zustimmung des Verlages unzulässig. Das gilt insbesondere für Vervielfältigungen, Übersetzungen, Mikroverfilmungen und die Einspeicherung und Verarbeitung in elektronischen Systemen.

1. Auflage, August 2010

Copyright © 2010 by Murmann Verlag, Hamburg

Redaktion: Susanne Mücke, Berlin
Illustration und Layout: Elisabeth Gronau, Berlin
Umschlaggestaltung: Rothfos & Gabler, Hamburg
Gesetzt aus der Minion Pro und Futura
Druck und Bindung: Freiburger Graphische Betriebe, Freiburg
Printed in Germany

Besuchen Sie uns im Internet: **www.murmann-verlag.de**

Ihre Meinung zu diesem Buch interessiert uns!
Zuschriften bitte an **info@murmann-verlag.de**

Den Newsletter des Murmann Verlages können Sie anfordern unter **newsletter@murmann-verlag.de**

Junge Frauen bringen Deutschland voran. Sie machen exzellente Schulabschlüsse, sie gewinnen die Fußball-Weltmeisterschaft und den Eurovision Song Contest. Höchste Zeit, die Impulse von frischen, kreativen Kolleginnen auch in die männlich dominierte Ingenieurswelt zu tragen. Das größte Nachwuchspotenzial für Ingenieure besteht bei jungen Frauen. Dieses Buch ist allen jungen Frauen und Männern gewidmet, die mit Neugier, Mut und Freude unsere Welt gestalten wollen und den schönsten Beruf der Welt ergreifen.

Inhaltsverzeichnis

Vom Glück, Ingenieur zu sein

Ich bin Ingenieur und unbändig stolz darauf. Ich habe nicht eine Sekunde meines Lebens an diesem Beruf gezweifelt. Denn er hat mir alles gegeben, was ein Mensch sich wünschen kann: Erfüllung, Spannung, Abenteuer, Glück, Abwechslung, Erfolgserlebnisse, Anerkennung und Wohlstand.

Dieses Buch soll junge Menschen ermutigen, sich diesem großartigen Beruf zuzuwenden, soll Ingenieure in ihrer täglichen Arbeit bestätigen und ist schließlich die Bilanz eines, meines Lebens als Ingenieur.

Ingenieur – das bedeutet nicht einfach Job für mich, sondern Berufung. Ingenieure folgen einem urmenschlichen Trieb, der permanente Neugier, Ungeduld und stete Unzufriedenheit vereint. Sie wollen Funktionen ergründen. Denn sie glauben nicht an den Status quo. Sie wissen instinktiv: Das Rad des Lebens kennt keinen Anfang und kein Ende, sondern nur Zwischenstadien, die mit Kreativität und Ausdauer ständig zu optimieren sind. Ingenieure sind beseelt von der Idee, dass immer alles besser zu machen ist.

Ob in den Tiefen der Ozeane oder auf dem Mond, ob mit gewaltigen Maschinen oder im Nano-Kosmos, ob im Automobilbau, im Gesundheitswesen oder Umweltschutz – überall arbeiten Ingenieure. Dieser Beruf ist so vielfältig wie kein anderer, bringt Menschen aus aller Welt zusammen und sichert unseren Fortschritt. Schon immer sind Ingenieure die Motoren des menschlichen Miteinanders gewesen.

Die ersten Vertreter unserer Zunft haben in der Steinzeit das Rad erfunden, Hebel und Fallen oder das lebenswichtige Feuer in Gang gehalten. Ingenieure haben den Menschen aus der Höhle ins Haus geholt und den Ackerbau vorangetrieben, sie haben das Leben der Menschen um ein Vielfaches verlängert und angenehmer gemacht. Der Ingenieur ist besessen vom Urtrieb des Menschen, der Neugier.

Bis heute stimmt das Bild vom akribischen Tüftler, auch wenn viele aus dem Bastelkeller vor den Computer umgezogen sind. Insofern ist Ingenieur auch ein zutiefst deutscher Beruf. Unsere teutonischen Eigenarten, besonders penibel, ausdauernd und bisweilen mit einer gewissen Skepsis durchs Leben zu gehen, bieten die ideale Grundlage. Nur wer am Bestehenden zweifelt, bringt die Kraft auf, nach Neuem zu suchen. Die zwei großen deutschen Wirtschaftswunder, Gründerzeit und Nachkriegsjahre, mögen von Politikern, Feldherren und Geistesgrößen beeinflusst worden sein; geprägt aber wurde der Fortschritt von Ingenieuren. Dieser deutsche Weg wird heute von den Schwellenländern kopiert.

Ob Mobilität, Kommunikation, Gesundheit – stets sorgten Naturwissenschaftler und Ingenieure für die großen Fortschrittssprünge. Und so wird es auch in Zukunft sein. Die Probleme der Menschheit wie Klimaschutz und Ressourcenknappheit werden am Ende nicht auf den Gipfeltreffen der Regierungschefs gelöst, sondern im Labor. Ingenieure sind es, die die Welt verändern.

Der Satz »Ich bin Ingenieur« kostet in Deutschland dennoch einigen Mut. Denn wir stehen bei manchen Geisteswissenschaftlern im Verdacht, für alles Böse dieser Welt verantwortlich zu sein. Der intellektuelle Gegenspieler des Ingenieurs ist der Romantiker. Der Begriff »Ingenieur« stammt vom mittellateinischen Wort »ingenium« ab. Das klingt nach »Genie«, ist aber leider falsch. »Ingenium« war das Kriegsgerät und der »Ingenarius« der Festungsbaumeister.

Eine wichtige Aufgabe, keine Frage, aber eben kein Beruf, der uns in die Heldensagen getragen hätte. Mit dem Festungsbau früher verhielt es sich ungefähr so wie mit der Energieversorgung heute: Beides muss zwar sein zum Überleben, aber gern befasst sich damit keiner. Es schmutzt hier und da, und Risiken gibt es auch. Man darf annehmen, dass die Festungsbauer mit den Schöngeistern jener Tage schwer zerstritten waren. Die Ingenieure haben ihre Bollwerke errichtet. Und die Ästheten haben die Leier geschlagen und verächtlich geguckt, wahrscheinlich in romantischer Gesinnungseinheit mit der Fürstin.

Über diesen romantischen Urtrieb in uns Deutschen hat der Philosoph Rüdiger Safranski ein kluges Buch mit dem Titel »Romantik – eine deutsche Affäre« geschrieben. Die Kernbotschaft lautet: An der naiven Sucht nach heiler Welt hat sich bis heute nichts geändert. Dafür ignorieren wir gern die Realität, für die der Ingenieur steht. Der Romantiker will klare Zusammenhänge und einfache Lösungen. Er fürchtet Konflikte, Probleme und Widersprüche. Deutsche Romantik, das bedeutet auch die Scheu vor Entscheidungen, an deren Ende womöglich Ergebnisse stehen, die nicht immer nur schön sind und allen gefallen.

Romantik ist in vielen Lebenslagen eine wunderbare Sache. Im Wirtschaftsleben allerdings ist sie bisweilen hinderlich. Aus Angst vor Kollateralschäden entscheidet man lieber gar nicht, egal, um wie vieles größer die Aussicht auf Erfolg sein mag.

Der Ingenieur dagegen hat von klein auf gelernt, sich einer bisweilen unwirtlichen Realität zu stellen. Das Berufsbild ist gekennzeichnet durch systematische Aneignung und Anwendung von wissenschaftlich fundierten und empirisch gesicherten technischen Erkenntnissen und Methoden. Ingenieure beschäftigen sich mit den in der Natur vorhandenen Materialien und Kräften, um sie für menschliche Zwecke nutzbar zu machen.

Widerstrebende Kräfte und unwirtliche Rahmenbedingungen sind nicht Ausnahme, sondern Regel des Ingenieurslebens. Das mag unromantisch sein, ist für das Überleben der Menschheit aber von einiger Bedeutung.

Auf der einen Seite Ingenieure und Naturwissenschaftler, auf der anderen die Schöngeister – so hat sich Deutschland aufgestellt. Im besten Fall sind Ingenieure die Paria des deutschen Hochschulwesens, im schlimmsten Fall die Gehilfen des Todes, verantwortlich für Kraftwerke, Raketen oder andere Gerätschaften, die qualmen und mithin böse sind. Die gesellschaftlich akzeptierte Technikskepsis ist in Deutschland immens. Die geistige und ästhetische Elite des Landes bilden die Geisteswissenschaftler – Soziologen, Pädagogen, Politologen, allerlei flotte Typen, die seit den sechziger Jahren nichts Geringeres planten als eine neue Gesellschaft und damit auf jeder Studentenparty schon mal ganz praktisch anfingen.

Die flotten Denker mit den langen Haaren, die von den Mädchen umschwärmt wurden, betrachteten wir schon als Ingenieurstudenten mit einer gewissen Neugier und nicht ganz frei von Neid. Was war so spannend an diesen Kerlen, die nicht einmal wussten, was die Loschmidt-Konstante ist?

Ein leichtes Unbehagen kam hinzu: Denn wir Ingenieure waren in dieser neuen Gesellschaft bestenfalls als Randexistenzen vorgesehen.

In den siebziger Jahren herrschte schließlich der Mythos, dass der Techniker künftig kaum mehr gebraucht werden würde. Diese Annahme hat sich als gewaltiger Irrtum erwiesen – mit der unschönen Folge, dass der deutschen Wirtschaft jedes Jahr Zehntausende Ingenieure fehlen. Wobei man der Ehrlichkeit halber erwähnen muss, dass viele Unternehmen in den neunziger Jahren aus falschen kurzfristigen Sparerwägungen die guten Leute einfach haben auf der Straße stehenlassen.

Ingenieure und Naturwissenschaftler sind bis heute rar in den vielen Star-Listen unserer Gesellschaft. Welche Ingenieure kann man jungen Leuten heute als Vorbild nennen, wer ginge bei unseren Kindern und Enkeln als cool durch? Albert Einstein war ein Volksheld, Nobelpreisträger wie Dr. Gerhard Ertl und Prof. Peter Grünberg geraten dagegen rasch wieder in Vergessenheit. Immerhin: Die Bundeskanzlerin ist promovierte Physikerin.

Damit kein falscher Eindruck aufkommt: Geisteswissenschaften sind wichtig. Aber nur, wenn sie gleichberechtigt mit den Naturwissenschaften behandelt werden. Im frühen Mittelalter gehörte das Ingenieurswesen zu den schönen Künsten, und zwar nicht nur wegen der einzigartig brillanten Zeichnungen, wie sie etwa Leonardo da Vinci angefertigt hat, sondern auch wegen der Schönheit kühner Gedanken, die denen eines Philosophen in nichts nachstehen.

Schlimmer als die Skepsis, die unserem Beruf begegnet, ist seine romantische Verklärung: Dem Ingenieur wird nicht mehr allein das Böse zu-, sondern alles Gutgemeinte anvertraut. Er soll die Welt retten, mit neuen Antrieben, Energiequellen, mit Effizienz und Nachhaltigkeit, mit Erfindungen, die entweder noch gar nicht gemacht sind oder längst noch nicht serienreif. Ganz plötzlich umgibt ein naiver Wunderglaube unseren Berufsstand: Wir sollen das Auto erfinden, das 250 Kilometer in der Stunde fährt, aber kein CO_2 produziert, und das passende Kraftwerk gleich dazu. Krach und Dreck dürfen die neuen Zaubermaschinen allerdings nicht verursachen.

Allem Wunderglauben zum Trotz: Bei Nicht-Ingenieuren, und die machen gerade in Deutschland den weitaus größeren Teil der Bevölkerung aus, steht unser Beruf nach wie vor nicht besonders hoch im Kurs. Wir gelten als verschroben und langweilig, das Studium erscheint unzumutbar schwer. Nur wenige junge Menschen beginnen eine Ausbildung, wenn die Hürden absehbar hoch liegen. Die Bequemlichkeit siegt eben über die Neugier; die Geisteswissenschaften mit ihren bisweilen diffusen Ergebnissen genießen höheres Ansehen als die konkreten Resultate einer Materialprüfung. Junge Menschen machen lieber »was mit Medien«, obgleich auch Fernsehen, Zeitung und Internet nichts anderes sind als das Resultat von Ingenieursgenie, ebenso wie Googles Algorithmen.

Die Gleichgültigkeit, die dem Ingenieursberuf entgegenschlägt, wäre noch zu ertragen, wenn wir damit nicht dauerhaft unsere Lebensgrundlage durchlöchern würden. Ein rohstoffarmes Land wie Deutschland hat seinen Wohlstand und Fortschritt seit Jahrhunderten klugen Köpfen zu verdanken: Johannes Gutenberg, Wilhelm Conrad Röntgen, Carl Benz zum Beispiel. Der beispiellose Aufstieg Preußens war nur denkbar, weil Knowhow importiert wurde: Friedrich der Große holte holländische Ingenieure nach Potsdam. Die Gründerzeit prägten Helden wie Carl von Linde, Robert Bosch, Emil Rathenau, Werner von Siemens, August Thyssen, Friedrich Krupp, Nikolaus Otto, Gottlieb Daimler oder Rudolf Diesel. Nach dem Zweiten Weltkrieg waren es Konrad Zuse, Artur Fischer, Manfred von Ardenne, Ulrich Müther oder Karlheinz Brandenburg, die unser Land, mit vielen anderen, in der Weltspitze hielten.

Zuverlässig hat das deutsche Bildungssystem Ingenieure produziert, die den Wohlstand gesichert und gemehrt haben. Doch in Zeiten der Globalisierung sind solche Traditionen leicht zu kopieren. In Deutschland gibt es jährlich etwa 40 000 Absolventen, in der gesamten EU rund 350 000. Das sind etwa halb so viele wie in China und Indien. Ein schier unerschöpfliches Reservoir an hoch motivierten, gut ausgebildeten Köpfen hat große Freude daran, den Vorbildern in der alten Welt nicht nur nachzueifern, sondern sie zu übertreffen. Es wäre geradezu leichtfertig, wenn wir aus einer Perspektive der Arroganz heraus diese Wettbewerber ignorieren oder abtun würden. Wir Deutschen haben kein Monopol auf Erfindungen; kreativ sein kann jeder.

Ohne die Auswirkungen bereits zu spüren, steckt das einstige Ingenieursparadies Deutschland in einer Krise, die gravierendere und vor allem langfristigere Folgen hat als Finanz- oder Wirtschaftskrisen. Aus den zahlreichen Stahlkrisen, die die Welt gebeutelt haben und von denen ich einige miterleben musste, lässt sich eine dauerhafte Erkenntnis gewinnen: Erfolgreich durch die Täler kamen vor allem die, die neue Verfahren entwickelten, nicht aber jene, die möglichst lange an alten Strukturen festhielten. ThyssenKrupp war auch deswegen so erfolgreich, weil wir uns vom reinen Stahlhersteller zu einem Anbieter maßgeschneiderter Lösungen für die individuellen Wünsche unserer Kunden gewandelt haben. Für alle Branchen gilt: Nur wer sich permanent bewegt, hat dauerhaft Erfolg. Dafür aber braucht jedes Unternehmen ständig neue Ideen und Verfahren. Nur wer die klügsten und kreativsten Köpfe in seinen Reihen hat, wird Krisen ohne größeren Schaden überstehen. Ingenieure sind sogar in Unternehmensberatungen willkommen. Jeder vierte Consultant hat ein ingenieurwissenschaftliches Studium absolviert.

Der einzige deutsche Rohstoff, das sind unsere Ideen, unsere Kreativität, unser Erfindergeist, der eine lange und gute Tradition hat. Wenn wir diese Tradition kappen, entziehen wir uns selbst die Existenzgrundlage. Diese Entwicklung, die sich seit Jahren verstetigt, macht mir große Sorgen. Deswegen habe ich dieses Buch verfasst: Ich möchte auf heitere, manchmal nachdenkliche, aber durchweg positive Weise einen Beruf wertschätzen, der zwei herausragende Merkmale vereint: Er macht den Einzelnen glücklich und nutzt der Gesellschaft. Und darum geht es.

Sehr früh musste ich feststellen, dass angehende Ingenieure ein ziemlich dickes Fell brauchen. Mein Studium bereitete mir zwar viel Freude, aber Clausthal-Zellerfeld stand in der Rangliste deutscher Universitätsstädte nicht allzu weit oben. Das Örtchen im Harz hatte eine große Vergangenheit, aber die weichen Faktoren eines Studiums wie etwa das Nachtleben spielten in Clausthal-Zellerfeld keine große Rolle. Der Ort war bekannt als männerreichste Stadt Europas. Mengen von Bergbaustudenten entwickelten offenbar keine große Anziehungskraft auf junge Frauen.

Schmerzhaft mussten wir Ingenieursstudenten feststellen, dass Geisteswissenschaftler in Dutschke-Deutschland deutlich mehr Sexappeal verströmten. Wir berauschten uns an $\delta N(x) = N(x)/A(x)$, während den Kommilitonen in Berlin, Köln oder München der Sinn eher nach Teach-ins und Kommunenleben stand. Wir spürten bald: Ingenieure sind Exoten, und Clausthal-Zellerfeld ist bestenfalls das Zentrum der Molekular-Bewegung.

Es gehört zur Ironie meiner Lebensgeschichte, dass ich die Liebe meines Lebens ausgerechnet in diesem vermeintlich so frauenfeindlichen Clausthal-Zellerfeld traf und 1967 heiratete, was nebenbei beweist, dass Ingenieursehen oftmals besonders dauerhaft konstruiert sind.

Ich beschäftigte mich seinerzeit weniger mit Marcuse und der kritischen Theorie, sondern lieber mit Untersuchungen zum Kristallisationsverlauf einphasig erstarrender Legierungen am Beispiel der Systeme Kupfer-Mangan und Kupfer-Nickel. So lautete der Titel meiner Promotionsarbeit.

Laien mögen solche Themen etwas sperrig anmuten, aber für die Industrie und damit für den Standort können sie von größter Bedeutung sein, wie man am Beispiel der Eisenhüttenschlacken erkennt, zu denen wir in Deutschland wegweisende Forschungen unternommen haben. »Schlacke« mag zunächst nach giftigem Abfall klingen. Doch diese Annahme ist falsch. Unter Eisenhüttenschlacken versteht man die bei der Produktion von Roheisen und Stahl entstehenden nichtmetallischen Schmelzen. Nach ihrer langsamen Abkühlung an der Luft liegen sie als künstliches, kristallines Gestein vor, ein Entstehungsprozess ähnlich wie bei Basalt oder Granit. Diese Schlacken sind kein Müll, sondern ein Nebenprodukt, vielseitig nutzbar und unterscheiden sich grundsätzlich von Aschen. Die Nutzung dieser Schlacken zum Beispiel als Baustoff entspricht dem Gedanken des nachhaltigen Wirtschaftens. Nur Ingenieure bringen wahrscheinlich die Kühnheit auf, Schlacke nicht semantisch-ideologisch zu betrachten, sondern vorurteilsfrei pragmatisch, wissenschaftlich und ökonomisch.

Viele Menschen haben die Erfahrung gemacht, dass nahezu jedes Thema spannend wird, sofern man sich intensiver damit beschäftigt. Ich zum Beispiel habe mich eingehend mit dem Entschwefelungsablauf in Stahlschmelzen befasst: Was geschieht, wenn Schlackenpulver eingeblasen werden, und wie wirken sich Reoxidationsprozesse beim Einblasen von Calciumverbindungen aus? Ein paar Jahre darauf habe ich die Verfahrensoptimierung bei der Herstellung von Flachstahlprodukten erforscht sowie das Recycling und die Oberflächenveredelung von Stahlfeinblech, Flach- und Profilstahl. Zugegeben: Mit diesen Themen konnte man auf Abendgesellschaften nur selten punkten, was ich allerdings auch immer als ungerecht empfunden habe.

Mein Kollege Jürgen Großmann, Eigentümer der Georgsmarienhütte und Vorstandschef von RWE, sagte einmal: »Stahl ist sexy.« Das ist selbst für einen Stahlmann wie mich eine ungewohnte Sicht. Aber es drückt aus, dass im Stahl mehr steckt, als der flüchtige Blick auf ein Stück Blech vermuten lässt. Am Beispiel Stahl lässt sich die Entwicklungsdynamik sehr gut ablesen, die Ingenieure Tag für Tag mit neuen Ideen befeuern.

Wer weiß, dass in einem Hochofen mehr Elektronik steckt als in einem Düsenflugzeug und dass die wiederum mehr kostet als eine

Boeing vom Typ 757? Moderne Walzstraßen sind schneller als jeder Formel-1-Rennwagen. Der tonnenschwere Walzdraht zischt mit einer Geschwindigkeit von 432 Kilometern pro Stunde durch die Maschine. Auf dem bekannten Ölgemälde »Das Eisenwalzwerk« von Adolph von Menzel aus dem Jahr 1875 sind noch 30 Arbeiter damit beschäftigt, Stahl auszuwalzen. Heute braucht man einen Mitarbeiter und eine computergesteuerte Walzanlage, um in der gleichen Zeit die hundertfache Menge herzustellen. Auch der Stahl selbst ist ein ganz anderer: Moderne Legierungen halten immense Belastungen aus, die dem Gewicht von zehn Elefanten auf der Fläche einer Briefmarke entsprechen.

Von 2000 in Europa hergestellten Stahlarten ist die Hälfte noch keine fünf Jahre alt – dank unablässig forschender Ingenieure, die wissen, dass Fortschritt vor allem Effizienz bedeutet: Heute produzieren 15 Hochöfen in Deutschland mehr Roheisen als 130 westdeutsche Hochöfen im Jahr 1960. Explodierende Produktivität bei drastisch reduzierten Emissionen – das ist Umweltschutz pur. Und ausschließlich das Werk von Ingenieuren.

Metall ist ein Urstoff der Menschheit, den Ingenieure stets verfeinert haben. Bereits seit 3500 Jahren wird Eisen vom Menschen genutzt, ob für Werkzeuge der Land- und Bauwirtschaft in Mesopotamien und Ägypten, für die gehärteten Schwerter der Römer oder den berühmten Damaszener-Stahl, der bis heute in modernsten Messerklingen zu bewundern ist. In der Zeit der industriellen Revolution wurde Stahl zum Symbol für den wirtschaftlichen und technischen Fortschritt.

Dem Einfallsreichtum der Ingenieure waren nahezu keine Grenzen gesetzt. Mitteleuropa wurde von einem Eisenbahnnetz überzogen. Nahtlos geschmiedete und gewalzte Radreifen, entwickelt von Krupp, ermöglichten höhere Geschwindigkeiten der Lokomotiven. Carl Benz konstruierte das Automobil, dessen Siegeszug ohne Stahl nicht denkbar ist. Und was Jules Verne noch als Stoff für Sciencefiction diente, wurde 100 Jahre später Realität. Heute dockt der Raumfrachter »Jules Verne« ganz selbstverständlich an die internationale Raumstation ISS an.

Auch in der Architektur wirkte Stahl als Fortschrittstreiber. In Chicago entstand 1885 das erste Hochhaus in Stahlskelettbauweise und begründete den bis heute anhaltenden Boom der Wolkenkratzer. Der Eiffelturm, anlässlich der Weltausstellung 1889 in Paris errichtet, stellt wohl das global bekannteste Stahlbauwerk dar. Damals wurden 7000 Tonnen Stahl vernietet, mit dem modernen Material unserer Zeit wären deutlich weniger als ein Drittel nötig.

Weltweit zählen Stahlkonstruktionen zu den großen Sehenswürdigkeiten, ob die Golden Gate Bridge in San Francisco oder die Sydney Harbour Bridge. Der Grand Canyon Skywalk, eine Plattform in 1200 Meter Höhe, wird von einem gigantischen stählernen Hufeisen getragen. Mehrere hunderttausend Menschen betreten jedes Jahr die eingelegte Glasplatte – sie alle haben hohes Stahl- und Ingenieursvertrauen.

Zugegeben: Nicht alles, was man Stahl zutraute, war erfolgreich. In der Fachzeitschrift »Stahl und Eisen« wurde in der Ausgabe vom August 1892 von Plänen berichtet, eine Eisenbahnbrücke über den englischen Kanal zu bauen. Das Projekt scheiterte. Nicht nur weil es 900 Millionen Francs kosten sollte, es stand schlicht den Schiffen im Weg. Ingenieure lösen eben nicht jedes Problem.

Am Beispiel Stahl lässt sich jedoch ein universell gültiges Phänomen sehr gut illustrieren: Fortschritt kennt kein Ende, sondern ist ein endloser Prozess, der allerdings nicht linear verläuft, sondern in Wellen. Heute können wir ein Auto der Mittelklasse an einen zwei Millimeter dünnen Stahldraht hängen. Und in ein paar Jahren wird der Draht nur noch einen Millimeter dick sein.

Es ist kaum zehn Jahre her, da blickten Investoren erwartungsvoll auf Unternehmen der New Economy. Die Wachstumserwartungen waren schier unbegrenzt. Heute stellen wir fest: Die Unternehmen der Old Economy gibt es auch noch – und sie haben sich mehr als wacker geschlagen. Was beiden Industrien gemein ist: Der ökonomische Erfolg von iPhone, Google-Algorithmen oder Walzstraßen beruht auf der Arbeit von Ingenieuren und Technikern.

Wie kaum ein anderer Berufsstand haben sich Ingenieure in einem täglichen Wettbewerb zu messen, innerhalb eines Unternehmens, einer Branche, eines Landes, im globalen Streben nach Marktanteilen. Wie hart in manchen Industrien gekämpft wird, haben wir zuletzt in den achtziger Jahren des vergangenen Jahrhunderts erlebt. Europa erlebte eine dramatische Stahlkrise. Die Produktion ging um 20 Prozent zurück, die Preise brachen ein. 1986 konstatierte die »Süddeutsche Zeitung«: »Die altehrwürdigen Metalle haben ausgedient.« Für den Automobilbau prophezeite das »Manager Magazin« den »Siegeszug der Kunststoffe. In wenigen Jahren werden nicht nur Spoiler und Türverkleidungen, sondern ganze Karosserien auch bei Großserien-Autos aus Plastik sein.« So kann man sich täuschen.

Obgleich die Kunststoffindustrie über gewaltiges Knowhow verfügt und respektable Entwicklungssprünge vorweisen kann, wird auch das E-Mobil ohne moderne Stähle nicht fahren. Ingenieure denken nicht in Endzeitkategorien, sondern lösungsorientiert: Aluminium, Kunststoffe, Stahl, Graphitfasern – es geht fast nie um ein Entweder-oder, sondern um ein Sowohl-als-auch. Heute finden die spannendsten Herausforderungen für Ingenieure an den Schnittstellen der Disziplinen oder der Werkstoffe statt.

Unsere Ingenieure sind längst im ganzen Produktionsprozess dabei, auch bei der Konzeption neuartiger Methoden. Wir sind längst nicht mehr Blechlieferanten der Automobilindustrie, sondern Systempartner, die von der ersten Konstruktionsskizze an in den Entstehungsprozess eingebunden sind. Was hinzukommt: Stahl steht für nachhaltige Werkstoffwirtschaft. Zu 100 Prozent recyclefähig, ohne Qualitätsverlust – das ist ein echter Wettbewerbsvorteil.

Ingenieure sind es auch, die der Welt den Weg aus der gewaltigen Weltwirtschaftskrise der Jahre 2008 und 2009 weisen. Milliardenschwere Hilfspakete in allen Industriestaaten lindern zwar die ärgsten Symptome dieser Krise. Aber eine Perspektive für die Zukunft bieten auch gigantische Summen nicht.

Bis zum Jahr 2050 wird die Erde von neun Milliarden Menschen bevölkert sein, viele davon werden in Megacitys mit mehr als zehn Millionen Einwohnern leben. Der Energiebedarf soll um 40 Prozent steigen. Diese Entwicklungen klingen dramatisch, bedeuten für mich aber spannende Herausforderungen, die nur unsere Ingenieure bewältigen können.

Es sind drei Zukunftsfelder, die Ingenieure in aller Welt mit ihren Ideen gestalten werden: Mobilität, Ressourceneffizienz und Klimawandel.

Mobilität: Wer schnell und sicher reisen will oder muss, ob täglich als Pendler, als Geschäftsflieger oder Urlauber, benötigt eine funktionierende Infrastruktur und intelligente, wirtschaftliche Transportmittel. Mehr als 50 Prozent des weltweiten Ölverbrauchs sind dem Transport geschuldet. Das ist zu viel. Fahrzeuge müssen künftig leichter werden. Mit dem Karosseriekonzept New Steel Body hat ThyssenKrupp hier völlig neue Wege beschritten. Durch eine neue Profilbauweise haben Ingenieure das Gewicht bei gleichen Kosten um ein Viertel gesenkt.

Oft übersehen werden dabei die Prozessinnovationen. Ein Musterbeispiel für innovative Anwendungen der Lasertechnologie sind die sogenannten Tailored Products. Heute ist es möglich, unterschiedliche Bleche mit kurvenförmigen Schweißnähten herzustellen. Dadurch ist Leichtbau bei einer hohen Designfreiheit im Automobilbau möglich geworden.

Von solchen intelligenten Werkstoffen konnten Konstrukteure früher nur träumen. Und die Weiterentwicklung des Werkstoffs Stahl läuft auf Hochtouren. An der Ruhr-Universität Bochum wurde in Kooperation mit dem Max-Planck-Institut für Eisenforschung in Düsseldorf und der Rheinisch-Westfälischen Technischen Hochschule (RWTH) Aachen das Interdisciplinary Centre for Advanced Materials Simulation (ICAMS) in Form eines Public Private Partnership gegründet. Ziel dieses interdisziplinären Institutes ist es, das Verhalten von Bauteilen im Einsatz verstehen und vorhersagen zu können. Neue Werkstoffe sollen künftig beanspruchungsgerecht entwickelt werden. Durch die explosionsartig gestiegene Leistung moderner Supercomputer können unsere Ingenieure Werkstoffe am Rechner entwickeln, anstatt langwierige und aufwendige Versuchsreihen durchzuführen. Damit kommen neue Produkte, ressourcenschonend und präzise auf Kundenbedürfnisse abgestimmt, schnell auf den Markt.

Ressourceneffizienz: Der weltweite Bedarf an Rohstoffen steigt kontinuierlich, doch die Reserven sind begrenzt. Die Konsequenz: Rohstoffpreise steigen. Eines ist klar: Wir können nicht weiter so ineffizient mit unseren Vorräten umgehen wie in den letzten 200 Jahren. Unsere Ingenieure helfen, Wasser, Öl und Strom effizienter zu nutzen.

Trinkwasser ist für jeden Menschen überlebenswichtig. Aber nur jeder 3333. Tropfen des gesamten Wassers der Erde ist als Trinkwasser geeignet. UNICEF schätzt, dass eine Milliarde Menschen keinen Zugang zu sauberem Wasser haben. Diese Zahl erhöht sich ständig, unter anderem durch den immensen Wasserbedarf schnell wachsender Millionenstädte. Abhilfe schaffen Meerwasserentsalzungsanlagen, die lasergeschweißte Wärmetauscher-Rohre aus Edelstahl benötigen. Minimale Wandstärken sorgen für höchste Wirkungsgrade. Dennoch bieten sie extreme Korrosionsbeständigkeit gegen aggressives Salzwasser – dank der speziell entwickelten, widerstandsfähigen Edelstahllegierung.

Bei der Stromerzeugung wird die Effizienz von Generatoren insbesondere von den magnetischen Eigenschaften des Elektrobandes bestimmt, einer hoch spezialisierten Stahlqualität. Elektroband entsteht mit innovativen Gieß- und Walztechnologien. Dadurch werden Energieverluste um bis zu 19 Prozent verringert. Entscheidend für die magnetischen Eigenschaften von Elektroband ist neben seinem Gehalt von Silizium und Aluminium vor allem die präzise Dosierung der Legierungselemente. Ein hoher Wirkungsgrad bedeutet einen geringen Energieverlust. Das schont die Ressourcen und schützt auch die Umwelt.

Klimawandel: Stahl hilft, Emissionen zu vermeiden. Im Automobilbau gilt es, Energieverbrauch und Schadstoffe zu reduzieren. Leichtbauweise ist modern, aber leider entstehen 80 Prozent aller von Autos emittierten Schadstoffe während des Kaltstarts von Motoren. Leistungsfähigere Katalysatoren bremsen die Emissionen. Sie erreichen ihre Arbeitstemperatur schon nach zwölf Sekunden und verkürzen damit die Kaltstartphase drastisch. Die Ingenieure der Stahlindustrie haben hierfür eine extrem dünne, elektrisch beheizte Katalysatorfolie entwickelt.

Klimawandel bedeutet auch neue Anforderungen für den Hochwasserschutz. In Venedig wird mit Stahlspundwänden und Spundwandrohren ein gewaltiges Sperrwerk gebaut. Es soll bei Flut das Weltkulturerbe vor Hochwasser schützen. Der Plan sieht vor, die Verbindungen zwischen Lagune und Adria mit Toren zu versehen, die sich bei Bedarf schließen lassen. Bei normalen Wasserständen liegen sie unsichtbar am Meeresgrund, bei Hochwasser werden die

Tore – riesige Hohlkästen aus Stahl – aufgeblasen und damit aufgerichtet. Spätestens 2014 soll das Bauwerk in Betrieb gehen.

Diese Beispiele zeigen: Wir können die Probleme der Welt nur mit neuen Ideen lösen. Innovation ist Pflicht, nicht nur in der Stahlindustrie. In ressourcenarmen Ländern wie Deutschland müssen wir um so viel besser sein, wie wir teurer sind. Das geht nur mit innovativen Technologien und hochwertigen Produkten. Nur so können wir unseren Lebensstandard auf Dauer sichern. Viele gute Ingenieure bedeuten für uns Deutsche nicht weniger als unsere Lebensversicherung.

Innovative Ideen aber setzen Begeisterung voraus. Unsere Kinder und Enkelkinder haben diese Euphorie. Wenn man Kinder fragt, wie die Menschen wohl in 50 oder 100 Jahren leben werden, kommen sie auf die tollsten Ideen. Ich mache das regelmäßig mit meinen Enkelkindern, und das sind immerhin sieben. Sie merken sofort, dass es Ingenieure und Naturwissenschaftler sind, die zukunftsweisende Lösungen schaffen. Diese Begeisterung müssen wir bei jungen Leuten, bei Schülern, Jungen wie Mädchen, erhalten und fördern. Da schlummert bei uns in Deutschland noch ein gewaltiges Potenzial.

Um den richtigen Weg für unsere Zukunft zu finden, lohnt ein Blick in die Vergangenheit. Wie ist es gelungen, aus der deutschen Volkswirtschaft eine der modernsten und innovativsten Ökonomien der Welt zu formen?

Ende des 19. Jahrhunderts entstand in Deutschland ein hoch entwickeltes Innovationssystem. Es zeichnete sich durch die hohe Qualifizierung der Arbeiter aus, durch exzellente Forschung und deren konsequente Anwendung in der Industrie. Rückhalt schaffen starke Institutionen und Sozialsysteme. Mit dieser einzigartigen Kombination gelang dem industriellen Nachzügler Deutschland innerhalb von wenigen Dekaden der Sprung an die Weltspitze.

Und heute? Noch immer verfügt Deutschland über hervorragende Unternehmen, eine leistungsfähige Forschungslandschaft. Nach wie vor werden beeindruckende Exporterfolge erzielt. Der Standort Deutschland ist in seinen traditionell gewachsenen Branchen, wie dem Automobil- und dem Maschinenbau, der Chemie und Werkstofftechnik, gut positioniert. Allerdings haben wir auf wichtigen forschungsintensiven Zukunftsfeldern, wie der Kommunikations- und Informationstechnik, der Bio- und Gentechnik, den Anschluss an die Weltspitze verloren. Hier geben die USA, die skandinavischen Länder und Asien den Ton an. Zu lange haben wir versäumt, uns auf innovative Wachstumsbereiche zu konzentrieren.

Bei internationalen Wettbewerbsvergleichen belegt Deutschland nur noch mittlere Plätze: bei der Bereitschaft zum Einsatz neuer Technologien, der Qualität der Forschungseinrichtungen oder bei der Verfügbarkeit von Ingenieuren. Im Global Competitiveness Report 2009–2010 des World Economic Forum rangiert Deutschland auf einem mäßigen siebenten Platz. Bei uns liegt der Anteil von Ausgaben für Forschung und Entwicklung am Bruttoinlandsprodukt bei 2,5 Prozent, Schweden dagegen investiert 4,3 Prozent. Der Anteil von forschungs- und entwicklungsintensiven Gütern an den deutschen Exporten beträgt nur 15 Prozent, deutlich weniger als bei den Wettbewerbern.

Deutschland lässt offenbar nach in seiner Innovationskraft, während Wettbewerber aufholen. Innovationen aber hängen wesentlich von der Verfügbarkeit gut ausgebildeter Wissenschaftler und Ingenieure ab. Derzeit haben wir eine Lücke von knapp 50 000 Ingenieuren. Das entspricht einem gesamten Absolventenjahrgang. Wenn man bedenkt, dass mit jeder Ingenieursstelle statistisch gesehen weitere 1,8 Arbeitsplätze in der Forschung und 0,5 im Handel entstehen, wird die volkswirtschaftliche Dimension des Nachwuchsmangels deutlich.

Die Exporterfolge der deutschen Industrie basieren auf einer Kombination von jahrzehntelang gewachsenem Knowhow im Heimatland und erfolgreichen Internationalisierungsstrategien. ThyssenKrupp zum Beispiel erzielt inzwischen zwei Drittel des Konzernumsatzes im Ausland, im Business Area Elevator sind es schon 90 Prozent. Wir fassen in expandierenden Märkten Fuß und schaffen zum Beispiel mit unseren Stahlwerksprojekten in den USA und Brasilien auch dort Arbeitsplätze. Als Systempartner der Automobilindustrie folgen wir unseren Kunden nach Osteuropa und Asien. Als Stahlerzeuger produzieren wir in Wachstumsregionen wie China mit modernster Technik vor Ort. Als Industriedienstleister errichten wir weltweit vernetzte Service-Center. Wir exportieren also nicht nur Produkte, sondern auch in Deutschland kultivierte, spezifische Herangehensweisen und lernen dabei von anderen Kulturen. Der Begriff »Made in Germany« wandelt sich damit immer mehr zu »German made«, wie die Boston Consulting Group konstatiert.

Aber wie lange können wir Deutschen unsere Position auf dem Weltmarkt noch verteidigen? Wir konkurrieren längst nicht mehr nur mit Ländern wie den USA oder Japan. Unsere Wettbewerber kommen zunehmend aus Ländern, die manche immer noch fälschlich für »low cost and low tech« halten. Aber die Realität sieht anders aus. China, Indien, Korea, Malaysia – das ist längst »low cost and high tech«. Bereits in zehn Jahren wird China mehr Personal in Forschung und Entwicklung beschäftigen als die gesamte EU.

Aber warum interessieren sich so wenige junge Leute in Deutschland für einen technischen Beruf? Das Institut für Demoskopie Allensbach hat festgestellt, dass heute nur noch ein gutes Drittel der Bevölkerung ab 16 Jahren wissen will, wie technische Dinge funktionieren. Entscheidend ist vielmehr, dass es funktioniert. Früher haben Väter und Kinder ein Radio, einen Wecker, einen Toaster auseinandergeschraubt und repariert. Heute wandern auch funktionstüchtige Geräte in den Müll und dafür neue ins Haus.

Hinzu kommt ein weiteres Phänomen: Der positiven Einstellung zu den Alltagstechnologien steht eine ausgesprochene Distanz zur Großtechnologie gegenüber. Es fehlt das Gefühl dafür, dass das eigene Leben und die Zukunftschancen dieses Landes ganz wesentlich davon abhängen, dass Deutschland ein Land für die Produktion von Großtechnologie bleibt.

Offenbar gibt es ein tiefgreifendes Kommunikationsproblem: Es gelingt uns anscheinend nicht, die Chancen der Technik und unser Tun den Menschen in anschaulicher Weise zu vermitteln. Das muss sich ändern, wenn wir die Menschen für Technik begeistern wollen. Das ist eine Bringschuld für uns alle.

In den etablierten Gesprächskreisen von Politik, Wissenschaft und Wirtschaft wird schon seit Langem über den Ingenieursmangel und fehlendes Interesse an Technik diskutiert. Viele Initiativen sind entstanden, Papiere geschrieben und Projekte angeschoben worden. Fazit: Es gibt kein Problem mangelnden Interesses an Technik und Wirtschaft. Aber es gibt ein Vermittlungs- und Umsetzungsproblem. Und das geht uns alle an: Wirtschaft, Wissenschaft, Politik, Lehrer, Schüler und Eltern.

Denn der Mangel ist nicht nur eine kurzfristige, konjunkturell bedingte Erscheinung, weil wirtschaftlicher Erfolg und Wachstum den Wettbewerb um kluge Köpfe erhöhen. Es gibt auch langfristige und strukturelle Ursachen: Ältere Fachkräfte scheiden aus dem Berufsleben aus, und zu wenig Nachwuchs folgt nach. In den OECD-Staaten kommen auf 100 ältere 190 junge Ingenieure. In Deutschland sind es nur 90 junge auf 100 Ingenieure, die über 55 Jahre alt sind. Wir addieren also permanent neue Defizite.

Wir bei ThyssenKrupp haben deshalb unsere Herangehensweise an die Mitarbeiter von morgen verändert. Der Fachkräftemangel ist ein lösbares Problem, wenn wir mit Mut, Zuversicht und vor allem mit Vertrauen in die eigenen Stärken gemeinsam vorangehen. Wir haben gelernt: Nicht die Studenten bewerben sich bei Unternehmen, sondern wir bewerben uns bei den Studenten. Der persönliche Kontakt wird immer wichtiger.

In meinem Ingenieursleben habe ich die Erfahrung gemacht, dass es dieser persönliche Kontakt ist, der Begeisterung schafft. Ich fühle mich meinen Kommilitonen, Professoren, vielen Kollegen und auch Wettbewerbern zu großem Dank verpflichtet, weil sie diese Begeisterung entfacht und mein Leben lang wach gehalten haben. Es sind die Vorbilder, die die Freude am Ingenieursberuf ständig befeuern. Je größer diese gesellschaftliche Gruppe ist, desto größer ist auch die Begeisterung für technische Themen und technisches Denken.

Mein Beitrag, um Menschen für die Ingenieurskunst zu begeistern, liegt mit diesem Buch vor. Ich habe versucht, aus möglichst vielen Disziplinen und Epochen, aus Situationen des Alltags, der Kunst und des menschlichen Miteinanders ein möglichst umfassendes und unterhaltsames Kaleidoskop von Aspekten zu liefern, warum Ingenieure die wahren Motoren für den Fortschritt der Menschheit darstellen. Natürlich gibt es nicht nur 55, sondern unzählige Gründe, den schönsten Beruf der Welt zu ergreifen.

Mir hat dieser Beruf Freude und Spannung geschenkt, Herausforderung, Erfolg und Befriedigung. Dieses Glück möchte ich teilen. Es ist mir eine Herzensangelegenheit.

55 Gründe, Ingenieur zu werden:

1

... weil Ingenieure Künstler sind

Leonardo da Vinci brachte zur Meisterschaft, was für jeden Ingenieur gilt: Kunst und Technik gehören untrennbar zusammen.

Die Mona Lisa ist das bekannteste Kunstwerk der Welt. Millionen Menschen bewundern das Renaissancegemälde alljährlich im Pariser Louvre und staunen über die ausgefeilte Technik: Aus welchem Winkel man die gute Frau auch betrachtet, sie blickt dem Betrachter immer geradewegs in die Augen. Wer das Gemälde genauer inspiziert, stellt fest, dass die Dame gar nicht lächelt. Der Eindruck entsteht allein durch die Schatten auf ihrem Gesicht. Da war ein brillanter Techniker am Werk.

Leonardo da Vinci malte die geheimnisvolle Schöne Anfang des 16. Jahrhunderts. Nur wenige Kunstkenner wissen, dass Leonardo zugleich ein genialer Ingenieur und Erfinder war. Im 15. Jahrhundert entwickelte er die ersten drehbaren Kräne für den Häuser-, Brücken- und Schiffsbau. Zwar halfen einfache Kräne schon den Griechen im ersten vorchristlichen Jahrhundert beim

Bau von Tempeln. Doch Leonardos Kräne bedeuteten einen gewaltigen Fortschritt: Sie waren um die eigene Achse drehbar und konnten von Baustelle zu Baustelle transportiert werden. Leonardo erfand unzählige Geräte wie den Fallschirm, Kugellager, Luftschrauben oder Schaufelbagger. Viele davon wurden erst Jahrhunderte nach seinem Tod realisiert. Der Mann aus Vinci plante einen neuen Palast in der Nähe der Porta Venezia, arbeitete an Talsperren und Kanälen in der Lombardei – er war wohl der erste europäische Universal-Ingenieur.

Leonardos technische Zeichnungen sind Meisterwerke, von denen Zehntausende noch erhalten sind. Sie zeugen von außergewöhnlichem technischen Verständnis, großem Ideenreichtum und beweisen, wie eng Kunst und Konstruktion miteinander verbunden sind. Leonardo verwendete unterschiedliche Zeichentechniken und Darstellungsweisen. Mehrdimensionalität machte er durch Perspektivierung, Licht effekte und schraffierte Schattenseiten sichtbar, zeichnete Teile im Schnitt und von mehreren Seiten. Mit seinen Ideen war das Genie seiner Zeit oft voraus. Ihm zu Ehren wurde 2001 die Leonardo-da-Vinci-Brücke in Oslo gebaut, nach seinen Plänen aus dem Jahr 1502. Die 110 Meter lange Fußgängerbrücke aus Holz vereint Schönheit und Funktionalität.

Im Begriff Ingenieur stecken Bedeutungen wie sinnreiche Erfindung, Begabung, Scharfsinn. In Deutschland ist er seit dem 18. Jahrhundert für den Technikerberuf gebräuchlich.

Als Leonardo da Vinci die Mona Lisa schuf, war er zugleich Hofmaler und leitender Ingenieur in Mailand. Seine Ingenieurskarriere hatte ihren Höhepunkt erreicht. Auch der französische Hof unterstützte seine wissenschaftlichen Forschungen, anatomischen Studien und mechanischen Forschungsarbeiten. Das Ingenieurwesen ist

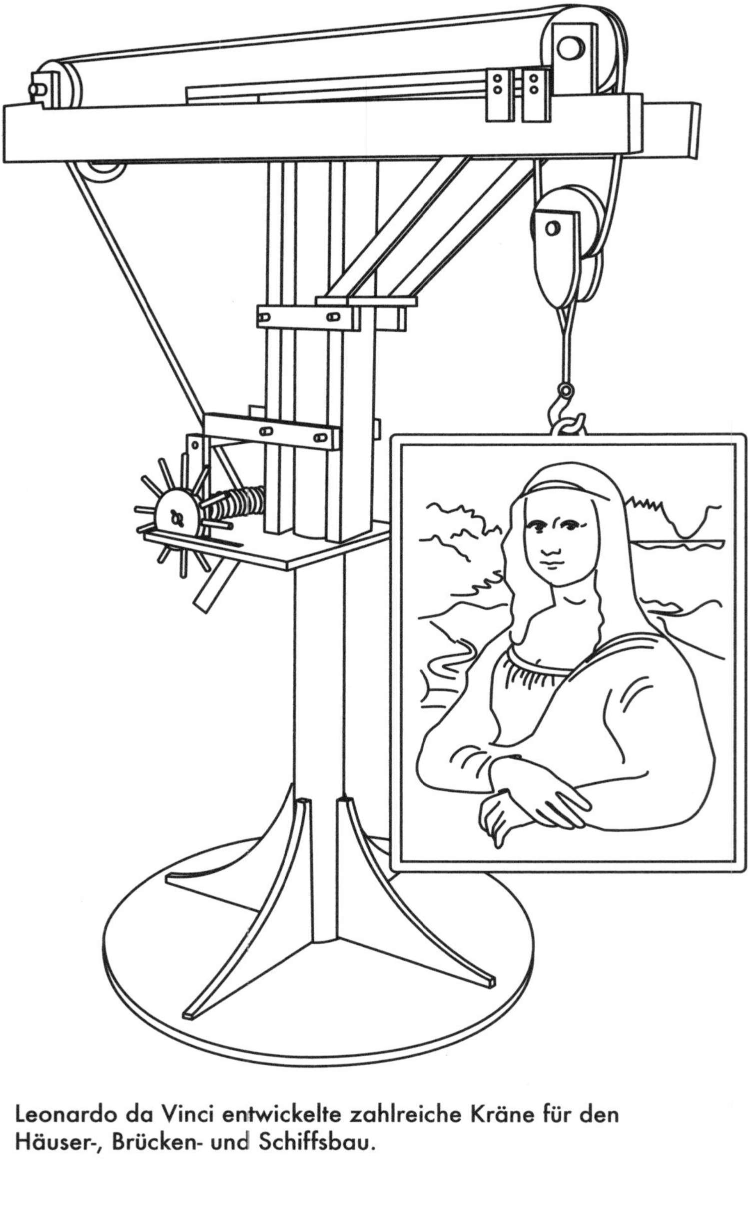

Leonardo da Vinci entwickelte zahlreiche Kräne für den Häuser-, Brücken- und Schiffsbau.

von alters her eng mit den Künsten verbunden. Der Fächerkanon an mittelalterlichen Universitäten teilte sich in die artes liberales und die artes mechanicae. Neben Waffen-, Bau- und Kunsthandwerk (armatura), aus dem sich später die Ingenieurswissenschaften entwickelten, wurden auch Schauspielkunst und Ritterspiele unterrichtet. Die traditionsreiche École Centrale Paris verleiht noch heute den Titel »Ingénieur des Arts et Manufactures«.

Das Kunstmuseum Gelsenkirchen beherbergt eine der europaweit größten Sammlungen kinetischer Kunst.

Noch während der Zeit der Aufklärung im 18. Jahrhundert gehörten Kunst und Technik untrennbar zusammen. Technisch orientierte Disziplinen wie die kinetische Kunst integrieren Mechanik als wesentlichen Bestandteil in das Werk. Die mechanische Konstruktion ist selbst das Kunstwerk, wie beispielsweise die berühmten Mobiles des Ingenieurs und Bildhauers Alexander Calder zeigen.

Bis heute stellen technische Zeichnungen und Konstruktionsskizzen kleine Kunstwerke dar. Denn die Technik verbindet Kreativität, Spieltrieb und Erfindergeist mit der Theorie aus Chemie, Physik, Mathematik und Mechanik. Wie der große Renaissancemeister Leonardo vereint jeder Ingenieur Ideen, handwerkliches Können und Geschick. Die Leistungen werden per Gesetz anerkannt: Wie Musiker, Schriftsteller oder bildende Künstler können Ingenieure seit Beginn des 20. Jahrhunderts ihre technischen Werke urheberrechtlich schützen lassen.

2

... weil Ingenieure Kino-Erlebnisse schaffen

Kein Film ohne Ingenieure – sie konstruieren die Imaginationsmaschine und halten sie in Bewegung.

Berlin, 30. Januar 2007

18 000 Watt starke Scheinwerfer leuchten den mit Kunstschnee bedeckten Platz der Vereinten Nationen aus. Er scheint heller als ein Fußballstadion unter Flutlicht zu sein. Hollywood-Star Matt Damon liefert sich eine wilde Verfolgungsjagd durch das zum nächtlichen Moskau umfrisierte Berlin. Regisseur Paul Greengrass dreht das »Bourne Ultimatum«. Kinogänger werden sich an die nächtliche Szene erinnern. Doch nur Insider wissen, dass sie erst durch die Licht-Leistung einer kleinen Münchner Filmfirma realisiert werden konnte. Arri stellt seit 1917 Kameras für große Hollywood-Produktionen her. Für seinen Arrimax 18/12, den stärksten HMI-

Scheinwerfer der Welt, gewann das Unternehmen im Jahr 2009 den Technik-Oscar der Academy of Motion Picture Arts and Sciences, bereits der 14. Oscar für die Münchner Ingenieure. Mit den bayerischen Kameras haben Regisseure wie Martin Scorsese, Stanley Kubrick und Luc Besson gedreht. Arri ist eine von vielen international renommierten Filmtechnikfirmen Deutschlands.

Kein Kino ohne Ingenieure. Die bahnbrechenden Erfindungen Edisons (Kinetoskop) und der Brüder Lumière (Cinématographe) im 19. Jahrhundert haben der Filmindustrie überhaupt erst den Weg bereitet. Sergej Eisenstein, einer der bedeutendsten Filmpioniere vom Anfang des 20. Jahrhunderts, hat ein Ingenieursstudium absolviert, bevor er zum Film ging. Der Regisseur des legendären Films »Panzerkreuzer Potemkin« gilt als wichtigster Neuerer auf dem Gebiet von Schnitt und Montage. Das technische Grundwissen hat er sich im Studium angeeignet.

Eisenstein verstand sich immer als Filmingenieur: »Ich bin Zivilingenieur und Mathematiker von Beruf. Ich gehe an die Her-

Deutsche Ingenieure gewinnen für ihre Innovationen regelmäßig den Technik-Oscar.

stellung eines Films in gleicher Weise wie an die Einrichtung einer Geflügelfarm oder die Installation einer Wasserleitung. Mein Standpunkt ist ein durchaus utilitaristischer, rationeller, materialistischer.« Die Filmkunst und ihre technische Entwicklung sind immer Hand in Hand gegangen, denn die beste Montagetheorie ist nutzlos ohne einen technischen Apparat, der sie umsetzt.

Die Idee des Filmens ist deutlich älter als ihre letztendliche Realisierung. Erst die Erfindung von Kamera, Filmmaterial und Projektionsapparat machten das Kino möglich. Die Idee aber reicht zurück ins 17. Jahrhundert. In Rom entwickelte der deutsche Mathematiker, Philosoph und Jesuitenpater Athanasius Kircher die Laterna magica, das erste mobile Projektionsgerät. In seiner »Ars magna lucis et umbrae« beschrieb er 1646 die Grundsätze der Projektion und zeigte fünf Jahre später erste Abbildungen. Die Laterna magica bestand aus einem Gehäuse, in dessen Innerem sich eine Lichtquelle befand. Um sie zu verstärken, war an der Rückwand ein Hohlspiegel angebracht, der die Strahlen parallel nach vorne warf. Gegenüber waren zwei konvexe Linsen befestigt, hinter deren gemeinsamen Brennpunkt man das transparente Bild schob, spiegelverkehrt und auf dem Kopf stehend. Zunächst verwendete man handbemalte Glasplatten, die nach der Erfindung der Fotografie durch Diapositive ersetzt wurden.

Der Münchner Ingenieur und Filmpionier August Arnold ist mit sieben Oscars der deutschlandweit meistausgezeichnete Preisträger der Academy Awards. Er erhielt den Preis unter anderem 1967 für die erste industriell gefertigte 35-mm-Spiegelreflex-Filmkamera Arriflex 35.

Ohne Ingenieure ist kein Film denkbar: Sie bauen Kamerakräne, Nebelmaschinen, entwickeln Special Effects, Licht, Sound und Projektionsobjektive für großen Filmgenuss. Sie steuern zudem die sich derzeit vollziehende technische Revolution hin zum Digitalkino. In Produktion und Postproduktion ersetzen digitale Geräte sukzessive die mechanische Filmtechnik. Auch den Dolby Surround Sound haben natürlich Ingenieure erfunden – seit 1965 tüfteln die Dolby Laboratories in San Francisco an Innovationen im Audio- und Surround-Sound.

Der Film ohne Filmstreifen wird die größte Veränderung sein, seit der Tonfilm erfunden wurde. Regisseure wie George Lucas (»Krieg der Sterne«) und Robert Rodriguez (»Spy Kids«) drehen bereits ausschließlich mit Digitalkamera. Im Kinosaal der Zukunft werden Digitalprojektoren die Zelluloidstreifen ersetzen, die Bilddaten werden direkt vom Satelliten empfangen. Der Filmvorführer der Zukunft wird ein Ingenieur sein. Mikroprozessoren bringen das Licht auf die Leinwand, das dort als Michelle Pfeiffers Lächeln erstrahlt.

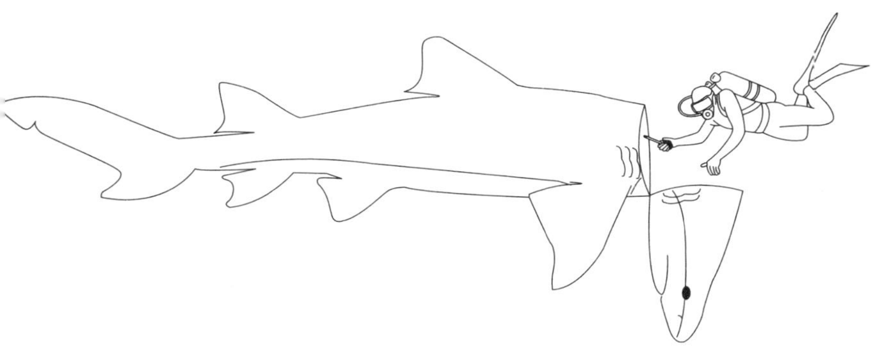

Filmmodellbau-Ingenieure konstruieren für Hollywood-Produktionen wie »Free Willy« oder »Jurassic Park« mechanische Tiere.

3

… weil Ingenieure immer einen Job finden

Welcher Berufszweig bietet nahezu Vollbeschäftigung? Richtig.

Jede Woche ist es in den Zeitungen zu lesen: Die Industrie sucht händeringend nach Fachkräften. In Deutschland herrscht Ingenieursmangel. Das ist kein PR-Gag – die Lage ist tatsächlich ernst.

Fast 50 000 Ingenieursstellen sind in Deutschland derzeit nicht zu besetzen, mehr als ein Drittel davon im Maschinen- und Fahrzeugbau, gefolgt von Elektroingenieuren, Architekten und Bauingenieuren. Es fehlt der Nachwuchs. Junge Menschen, die sich heute entscheiden, eine Ingenieurswissenschaft zu studieren, können von einer Job-Garantie ausgehen. Denn Deutschland hat eine außerordentlich erfolgreiche Industrielandschaft und zählt in Forschung und Entwicklung zu den erfolgreichsten Nationen Europas. Mehr als 1500 Weltmarktführer, darunter unzählige Mittelständler, haben hier ihren Firmensitz. Auch kleine Unternehmen, vielfach in der Provinz, bieten modernste Arbeitsplätze und das Potenzial für international erfolgreiche Karrieren. Der Unternehmensberater Professor Hermann Simon nennt die erfolgreichen Mittelständler »Hidden Champions« – heimliche Gewinner –, weil sie sich, jenseits der öffentlichen Wahrnehmung, mit ihren Produkten in die Weltspitze vorgearbeitet haben. Dank deutscher Ingenieurskunst.

Zu diesen heimlichen Weltmarktführern gehört zum Beispiel das Unternehmen Groz-Beckert im baden-württembergischen Ebingen. Theodor Groz gründete 1852 die Firma, die seither in Familienbesitz ist und heute weltweit 7000 Mitarbeiter beschäftigt, davon 2000 im Stammhaus. Groz-Beckert stellt von der Strick- über die Filz- bis zur Schuhnadel alle Arten von Nadeln für die Textilindustrie her, weltweit nahezu konkurrenzlos.

Ingenieure sind die Stars auf dem Arbeitsmarkt; auch in Krisenzeiten haben sie beste Chancen auf gute Jobs.

Oder Felix Schoeller in Osnabrück, der zu den führenden Produzenten von Dekorpapieren zählt. Oder König & Meyer in Wertheim, die seit 60 Jahren Notenpulte, Mikrofonstative und Instrumentenständer produzieren. Natürlich bieten auch international erfolgreiche Technologiekonzerne wie die ThyssenKrupp AG Ingenieuren ein innovatives Arbeitsumfeld, in dem sie anspruchsvolle Projekte in interdisziplinären Teams verwirklichen können.

Der Arbeitsmarkt für Ingenieure wächst stetig. 2008 umfasste er 670 000 sozialversicherungspflichtig Beschäftigte, überwiegend im produzierenden Gewerbe. Die Arbeitslosigkeit liegt mit etwa drei Prozent im Jahr 2008 weit unter dem Durchschnitt. Wer eines der vielen Ingenieurfächer studiert oder eine Ausbildung in einem technischen Beruf absolviert, hat exzellente Chancen, direkt im Job zu landen. Im Gegensatz zu vielen anderen Berufsfeldern kann bei Ingenieuren von Vollbeschäftigung gesprochen werden.

Arbeitslos gemeldete Ingenieurinnen und Ingenieure

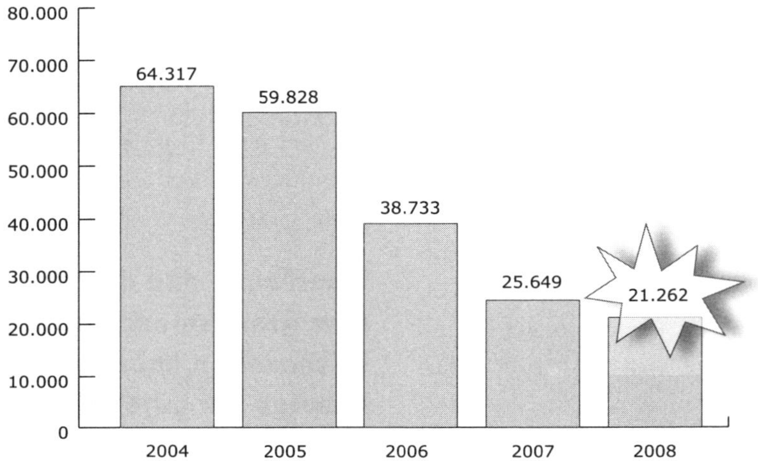

Sozialversicherungspflichtig beschäftigte Ingenieure

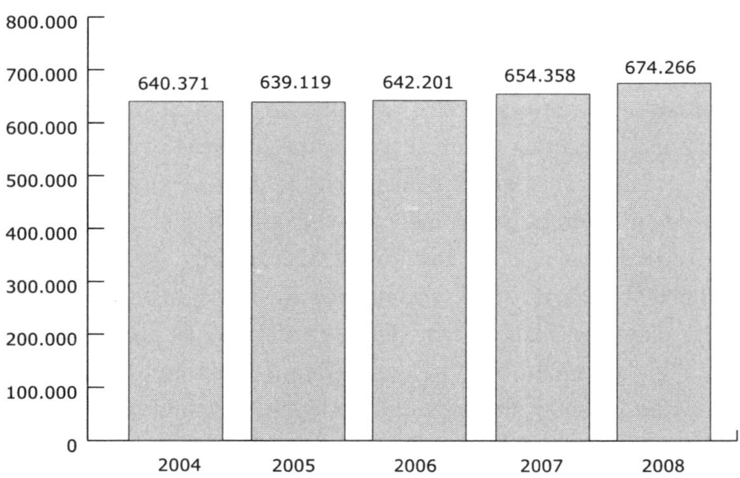

Quelle: VDI, 2009

Besonders gut ausgebildete Frauen haben beste Chancen, als Ingenieurinnen Karriere zu machen. Lediglich elf Prozent der Ingenieure sind hierzulande weiblich. Bei den Studentinnen liegt der Anteil bei 20 Prozent. Ingenieure schaffen Arbeit und sind ein bedeutender volkswirtschaftlicher Faktor. Um dem absehbaren Mangel entgegenzuwirken, werben Unternehmen bereits im Kindergarten um Technikernachwuchs, veranstalten Forschertage, an denen die kleinen Tüftler experimentieren und das Feld Technik spielerisch erkunden. Partnerschaften mit Schulen sind zahlreich. ThyssenKrupp wirbt mit seinem Ideenpark um junge, kluge Menschen, die einen faszinierenden Job ergreifen sollen, der materielle Sicherheit und kreative Freiheit bietet.

4

… weil Ingenieure ein attraktives Studium absolvieren, das Theorie und Praxis verbindet

Angehende Studenten können zwischen über 2150 Studiengängen wählen. Die Auffächerung spiegelt die immer komplexere und spezialisiertere Welt der Technik wider.

Ob Schiffbau, Klimasystemtechnik, Computervisualistik, Chemie- oder Softwaretechnik, Abfallwirtschaft, Gärungstechnologie, Anlagenbau, Operation Research oder Mechatronik – kaum ein Fachbereich bietet mehr Studienmöglichkeiten als das Ingenieurwesen. Wer sich für gutes Essen interessiert und etwa neue Nahrungsmittel und -technologien erfinden möchte, studiert an der Hochschule Albstadt-Sigmaringen Ernährungs- und Hygienetechnik. Studenten pauken neben den klassischen Fächern auch Lebensmittelrecht und Vertragsmanagement und kreieren in der Praxis Brotaufstriche mit neuen Geschmacksrichtungen. Die Ernährungswirtschaft bietet in Deutschland nach der Automobil- und der Elektronikbranche die meisten Arbeitsplätze. Ernährungstechniker arbeiten zum Beispiel in der Forschung und Entwicklung großer Lebensmittelkonzerne.

Wer plant, eines Tages ein Weingut zu führen, ist gut beraten, Weinbau und Önologie zu studieren. An der Hochschule in Geisenheim stehen Pflanzenbau und Anbautechnik, Bodenkunde und Phytomedizin ebenso auf dem Plan wie Verfahrenstechnik, Technologie der Wein- und Schaumweinbereitung und Sensorik. Der Studiengang verbindet praktische Winzerlehre mit akademischem Studium. Und am Ende stehen köstliche Weine auf dem Tisch – man kann sich kaum einen besseren Lohn für die Arbeit vorstellen.

Einen Überblick über alle Ingenieurstudiengänge deutschlandweit gibt www.gate4engineers.de

Auch angehende Papiertechniker können praxisnah studieren, etwa an der Berufsakademie Karlsruhe. Das Duale System kombiniert, ähnlich wie eine duale Ausbildung, Phasen einer betrieblichen Ausbildung mit denen eines Hochschulstudiums. Häufig werden die Studenten direkt vom Ausbildungsbetrieb übernommen. Ingenieure arbeiten in Papierproduktion und -verarbeitung. Die deutsche Papierindustrie ist eine hoch technologisierte Wachstumsbranche und mit Abstand die Nummer eins in Europa. Nicht nur Banknoten bestehen aus dem Grundstoff Papier, auch die großen Werke der Weltliteratur, Fotografien und Aquarelle.

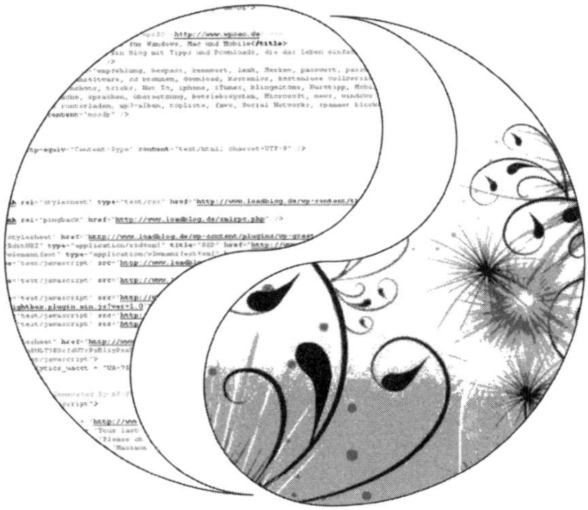

Kreativität und Technik bilden im ingenieurwissenschaftlichen Studium eine Einheit.

Deutschlandweit lernen zurzeit mehr als 340 000 Studentinnen und Studenten in einem ingenieurwissenschaftlichen Fach, davon etwa 200 000 an Fachhochschulen, 140 000 an Universitäten. Besonders beliebt ist nach wie vor Maschinenbau/Verfahrenstechnik. Mehr als 45 000 Studierende begannen 2009 im ersten Fachsemester ein Studium in diesem Bereich. 35 900 schrieben sich erstmals in Informatik ein, 19 000 in Elektrotechnik und 12 400 in Bauingenieurwesen.

An Universitäten, Fachhochschulen, Berufsakademien und im Dualen System haben Bachelor- und Masterstudiengänge das alte Diplom inzwischen abgelöst. Den Bachelor of Engineering erlangt man nach einem sechs- bis achtsemestrigen Studium. Darauf baut der Master auf, dessen Abschlussniveau mit dem bisherigen Dipl.-Ing. vergleichbar ist.

Wichtigste Voraussetzungen für ein Studium sind nicht die Abi-Note 1 in Mathe, auch wenn Interesse für mathematisch-naturwissenschaftliche Fächer wichtig ist, sondern Neugier, Kreativität und Spaß an Technik und Wissen. Und auch wenn anfangs das Grundlagenstudium überwiegt oder Schwierigkeiten auftauchen: Wer fest an sein Ziel glaubt, wird auch diese Hürden überwinden. Die Erfahrung, Probleme zu meistern, ist schließlich eine wesentliche Eigenschaft eines guten Ingenieurs. Keine Maschine, keine Technologie funktioniert bereits im ersten Versuch.

5

… weil Ingenieure hervorragende Herdenführer sind

Ingenieure sind sachorientiert und visionär, vertrauenswürdig und respektvoll – Eigenschaften, die einen guten Chef ausmachen.

Wurden die deutschen Vorstandsetagen einst von Betriebswirten dominiert, erobern nun Ingenieure die Chefsessel der großen Firmen. Fast die Hälfte aller Vorstandsvorsitzenden der 30 deutschen Dax-Unternehmen sind Ingenieure oder Naturwissenschaftler. Ähnlich sieht es bei den gut 200 Vorstandsmitgliedern der Unternehmen aus. 45 Prozent haben ein typisches Wirtschaftsstudium absolviert, 14 Prozent dagegen Mathematik, Physik, Biologie, Chemie oder eine andere Naturwissenschaft studiert, 22 Prozent sind Ingenieure.

Hartnäckig hält sich das Gerücht, Ingenieure seien eigenbrötlerische Kommunikationsmuffel, die eine Maschine beherrschen, aber kein Team führen können, geschweige denn einen Betrieb. Erfolgreiche Konzernchefs beweisen in ihrer täglichen Arbeit das Gegenteil. 10 der 30 Vorstandsvorsitzenden der DAX 30 Unternehmen Deutschlands sind Ingenieure sowie 9 Aufsichtsratsvorsitzende.

Die Ingenieure genießen den Respekt ihrer Vorstände, Aktionäre und Beschäftigten. Sie kennen ihr Unternehmen genau, sind sie ihm doch oft ein ganzes Berufsleben lang treu verbunden. Spricht man mit Beobachtern und Wegbegleitern, so loben diese oft Bodenhaftung, Glaubwürdigkeit, Geradlinigkeit und Konsensfähigkeit als Stärken. Ingenieure, so scheint es, agieren oft uneitel aus dem Hintergrund, stellen nicht ihre Person, sondern die Sache in den Mittelpunkt.

Jeder dritte Vorstand in den größten deutschen Unternehmen ist Ingenieur oder Naturwissenschaftler.

Sie konzentrieren sich auf die Fakten und sind gewohnt, in wechselnden Rahmenbedingungen zu denken. Ihr Unternehmen können sie wie eine Versuchsanordnung betrachten und gedanklich zerlegen. Das schafft Distanz, wenn es darum geht, Veränderungsprozesse zu gestalten oder Bereiche umzubauen. Ingenieure bewegen sich genauso selbstsicher auf dem internationalen Parkett wie Betriebswirte oder Juristen.

Ingenieure denken wie Naturwissenschaftler in Modellen, überlegen sich mögliche Lösungsansätze zu einem Problem, spielen verschiedene Szenarien durch und leiten daraus ihr Handeln ab. Die im technischen Studium gelernten Strategien können sie auch in der betriebswirtschaftlichen Praxis anwenden. Ingenieure helfen ihnen, sich auch in scheinbar unübersichtlichen Situationen zu orientieren. Ihr pragmatischer Zugriff ermöglicht ihnen, sich schnell und mühelos betriebswirtschaftliches Wissen in der Praxis anzueignen. Sie sind es gewohnt, Transferleistungen – aus der Theorie in die Praxis und umgekehrt – zu erbringen und sich immer wieder neu in komplexe Zusammenhänge einzuarbeiten. Gerade in Krisen sind Ingenieure und Naturwissenschaftler womöglich die stabileren Führungskräfte. Denn sie neigen nicht zur Romantik, sondern arrangieren sich auch mit widrigen Gegebenheiten. Ingenieure klagen in der Krise nicht, sondern finden Ansporn für Innovationen.

Ingenieure sind in Unternehmensberatungen willkommen. Jeder vierte Consultant hat ein ingenieurwissenschaftliches Studium absolviert.

6

… weil Ingenieure beste Chancen bei Frauen haben

Zupackend, stark und technisch versiert – Frauen lieben Ingenieure.

Karohemd, Hornbrille und immer die Werkzeugtasche dabei – Technikstudenten gelten nicht als feurige Liebhaber, sondern als emotional und sozial leicht unterentwickelt, Lieblingsfach: Mathematik. Eine soziologische Studie aus dem Jahr 2003 hat die Lebenswelt der Ingenieurstudenten charakterisiert: Der gemeine Techniker fällt in die Kategorie Sportfan, schätzt Fleisch und Eintöpfe, dazu ein Bier. Er trägt zu Hause Jeans ohne Gürtel, schätzt Komfort in der Wohnung, also das Sofa, die passenden Videos und legt sein Geld gern für Autos an. Germanistikstudenten hingegen schätzen vegetarisches Essen und Theaterbesuche.

Jenseits aller Klischees wird eines deutlich: Ingenieure sind keineswegs lebensfremde Tüftler, sondern pragmatische Zeitgenossen.

Ingenieure sind moderne Männer, die sich nicht immer allzu ernst nehmen müssen und ihr Image reflektieren. Studenten der TU Clausthal etwa haben sich für ihren Uni-Aktkalender in erstaunlichen Posen fotografieren lassen, nicht nackte, weibliche Schönheiten mit Feigenblatt stehen im Mittelpunkt, sondern posierende Maschinenbauer im Hydraulik-Aggregat und Bergbau-Studenten mit Helm und Grubenlicht, die die Hüllen fallen ließen.

Ingenieure sind, wie Umfragen zeigen, beim weiblichen Geschlecht begehrt: Für über zwei Drittel aller Frauen spielt der Beruf des künftigen Lebensgefährten bei der Partnersuche eine entscheidende Rolle, Ingenieure stehen auf der Wunschliste ganz oben. Der Beruf hat ein hervorragendes Image und belegt nach einer Umfrage des Meinungsforschungsinstituts Ipsos Platz 5 auf der Rangliste der am meisten geschätzten Berufe, gleich hinter Ärzten, Lehrern, Architekten und Rechtsanwälten.

Clausthal-Zellerfeld im Harz ist dank der Technischen Universität Deutschlands Stadt mit dem höchsten Männeranteil (57 Prozent). www.tu-clausthal.de

Ingenieure haben auch einen praktischen Vorteil: Sie bringen ein Grundverständnis für technologische Zusammenhänge mit, was im Alltag oft nützlich ist. Sie können einen Hammer von einer Säge unterscheiden, wissen, wie ein Toaster funktioniert und ersetzen den Handwerker im Haus. Die tropfende Heizung, der kaputte Kühlschrank – kein technisches Problem, das nicht zu lösen wäre. Früher galt: Männer können zwar eine Waschmaschine reparieren, wissen aber nicht, wie man sie bedient. Heute hat sich dieses Rollenmuster verändert. Ingenieure haben kein Reparatur-Gen, sondern sie knobeln und basteln einfach gern, sogar an der neuen Software für den Heim-PC. Heimwerken ist für sie nicht

Stress, sondern Spielspaß. Das gilt im Übrigen auch für weibliche Ingenieure. Und so treten in der Werbung eines großen Heimwerkermarktes mittlerweile werkelnde Ehefrauen auf, die ihre Männer mit imposanten selbstgezimmerten Gartenpavillons beeindrucken. Natürlich haben Ingenieurinnen beste Chancen bei den Männern.

Zupackend, stark und technisch versiert: der Ingenieur.

7

… weil Ingenieure erstklassig bezahlt werden

»Lern doch was Anständiges, Ingenieur zum Beispiel«, sagen Eltern oft. Und sie haben recht: Ingenieure verdienen anständigen Lohn für anständige Arbeit.

Klassentreffen, 20 Jahre nach dem Abitur. Die alten Freunde vergleichen ihre Gehälter. Welche Berufsgruppe liegt fast immer weit vorn? Richtig: Ingenieure.

Wer sich für den Ingenieursberuf entscheidet, den erwartet von Anfang an gutes Geld. Bereits die Einstiegsgehälter für junge Ingenieure sind beachtlich, auch wenn sie je nach Arbeitgeber, Branche, Abschluss und Art der Tätigkeit variieren. In der Regel gilt: Je größer ein Unternehmen, desto höher der Verdienst.

Der Verein Deutscher Ingenieure (VDI) hat ermittelt, dass das Durchschnittsgehalt eines Ingenieurs bei 54 250 Euro, das für Be-

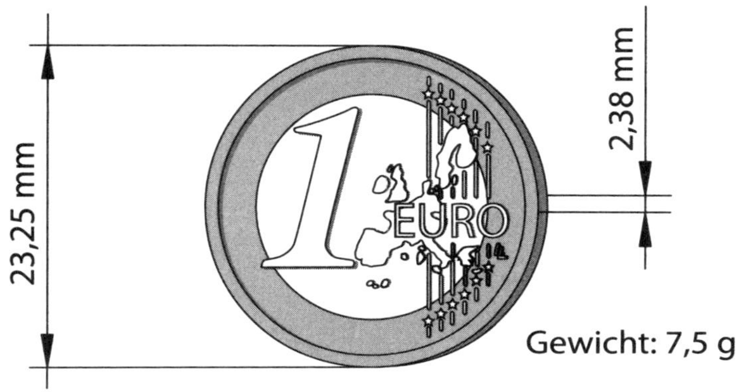

Ein Ingenieur verdient durchschnittlich 54 000 Euro im Jahr.

rufseinsteiger bei 39 000 Euro liegt. Dabei können Neulinge jährlich bereits bis zu 50 000 Euro verdienen. Tarifgebundene Betriebe wie die ThyssenKrupp AG zahlen bis zu 20 Prozent mehr als nichttarifgebundene.

Das statistische Bundesamt hat in einem breit angelegten Gehaltsvergleich das Jahreseinkommen von 171 Berufsgruppen erhoben. An der Spitze der Statistik stehen Geschäftsführer (92 556 Euro), Rechtsvertreter (82 135 Euro) und Luftverkehrsberufe (77 796 Euro), aber bereits auf Platz 6, 8, 9 und 10 folgen Ingenieursberufe. Unter den Top Ten der deutschen Bestverdiener sind Ingenieure gleich viermal vertreten.

Gute Bezahlung hat Tradition. Schon in der Antike hatten Ingenieure ein gutes Auskommen, wie das Beispiel des ägyptischen Technikers Kleon zeigt. Kleon hatte in Ägypten Anlagen und Kanäle gebaut, die das im Westen und Osten von Wüsten umgebene Niltal bewässerten. Im Fayum, wo große Flächen für die Landwirtschaft erschlossen wurden, beaufsichtigte er den Bau von Bewässerungssystemen, setzte Anlagen instand, reinigte Kanäle und sicherte

Deiche, die vor dem Hochwasser schützen sollten. Kleons Leistungen sind nicht hoch genug einzuschätzen, machten seine Bauten doch überhaupt erst systematische Ackerwirtschaft in dieser klimatisch schwierigen Region möglich. Ptolemaios II. beobachtete die Arbeit Kleons ganz genau. Der Pharao von Ägypten hatte sich nicht nur als Förderer der Wissenschaft und Dichtkunst im Museion von Alexandria hervorgetan, sondern besaß auch eine besondere Faszination für Technik. So hatte er den Nilkanal zum Roten Meer für den Indienhandel wiederherstellen und den Pharos von Alexandria vollenden lassen, der als eines der sieben Weltwunder bekannt ist. Von Kleons Leistung war der Pharao so beeindruckt, dass er ihm jährlich 5000 Drachmen zahlte, so viel, wie 15 Handwerker zusammen verdienten. Damit hatte Kleon ausgesorgt. Heute zählen Informationstechnologie, Chemie- und Pharmaunternehmen sowie Energieversorger zu den bestzahlenden Branchen. Ein Projektingenieur in der Chemieindustrie etwa bezieht ein durchschnittliches Jahreseinkommen von 58 700 Euro.

Im Gehaltsranking des Statistischen Bundesamtes (2006) landeten auf Platz 6 Chemieingenieure (75 533 Euro), auf Platz 8 Maschinenbauer (71 479 Euro) und auf Platz 9 Elektroingenieure (70 500 Euro).

Zwar verdienen Frauen noch immer weniger als Männer, doch die Schere geht bei Ingenieursberufen weniger weit auseinander. Frauen erhalten in Deutschland brutto rund 23 Prozent weniger als Männer; bei Ingenieurinnen sind es 17 Prozent. Mit positivem Beispiel gehen die Bergbauingenieure voran. Frauen haben fast aufgeschlossen, sie verdienen hier monatlich 2,4 Prozent weniger, etwa 100 Euro, als ihre männlichen Kollegen. Im Ingenieurswesen wird eben nicht nur über Gleichberechtigung geredet – wir praktizieren sie auch.

8

... weil Ingenieure in Hollywood beliebt sind

Captain Scott, Mac Gyver, Q – das Kino wäre langweiliger ohne seine Ingenieur-Helden.

»Beam me up, Scotty«, ruft Captain Kirk seinem schnauzbärtigen Chefingenieur Montgomery Scott per Funk von einem entlegenen Planeten zu. Der Commander muss seinen Kapitän mal wieder aus einer brenzligen Situation retten und ihn zurück aufs Raumschiff Enterprise beamen. Viele Male bewahrt Scotty die Enterprise vorm Untergang und vollbringt wahre Wunder, wenn Captain Kirk nach schnellen Reparaturen ruft.

Der Satz »Beam me up, Scotty« genießt Kultstatus. Selbst Nicht-Fans denken dabei an »Star Trek«. Zu verdanken ist dieser Ruhm vor allem einem sympathischen Ingenieur, der selbst unter widrigsten Umständen streikende Warp-Antriebe und von Klingonen zerstörte Bordtechnik repariert und jederzeit mit Sachverstand, Improvisationstalent und Humor zu Werke geht.

Ingenieure sind die Helden unzähliger berühmter Kinofilme und Fernsehserien. Der Beruf fasziniert Hollywood wie kaum ein anderer. James Bond wäre nichts ohne Q, den genialen Erfinder im Hintergrund, der die Forschungs- und Entwicklungsabteilung des

Ingenieure stehen als Helden im Scheinwerferlicht großer Film- und Fernsehproduktionen.

Geheimdienstes MI6 leitet und aus Zigaretten Mini-Raketen oder einen Rasierapparat mit Wanzendetektor konstruiert.

Auch MacGyver in der gleichnamigen US-Serie bastelt mit technischem Geschick und oft unorthodoxen Methoden Sprengstoff aus Kaugummi, stopft tropfende Säurefässer mit Milchschokolade und entschärft Bomben mit einer Büroklammer. Die Ingenieure sind manchmal zerstörerisch wie Spidermans Widersacher Dr. Octopus, bisweilen kauzig, aber in den meisten Filmen nette Typen, die sich mittels Technik dem Bösen in der Welt entgegenstellen.

Kinohits wie »Apollo 13«, »Gattaca«, »A Beautiful Mind« oder »2001 – Odyssee im Weltraum« machen Technik und Wissenschaft zum Filmthema.

Es scheint sogar so, dass einige Technologien, die wir nutzen, in Filmen nicht nur präsentiert, sondern sogar vorweggenommen werden. Lieutenant Uhura in »Star Trek« benutzte etwa einen Riesen-Ohrring, um zu kommunizieren – heutige Headsets sehen ganz ähnlich aus. Nur die Bügeleisen, die bei »Raumschiff Orion« als Bedienungselement des Maschinenleitstandes dienten, haben sich nicht durchgesetzt.

9

… weil Ingenieure unser Essen besser machen

Ingenieure sorgen für guten Geschmack, erfinden neue Lebensmittel und stellen sicher, dass auf dem Teller landet, was die Packung verspricht.

Der Kampf gegen Hunger und Unterernährung wird zwischen satten, grünen Wiesen und romantischen Fachwerkhäusern ausgefochten. Im idyllischen Dorf Malaunay, irgendwo in der nördlichen Normandie, stellen Lebensmitteltechniker eine unscheinbare braune Paste her, die die Welt ein Stück besser macht. Hier gründete Michel Lescanne, dichte Augenbrauen, schmale Brille, 1986 in seiner Küche den Ein-Mann-Betrieb Nutriset. Heute hat der Lebensmittelingenieur 50 Angestellte und versorgt hungernde Kinder in Somalia, Haiti oder Afghanistan mit seiner Erfindung namens »Plumpy'nut«, einem Erdnussmus mit besonders hoher Energiedichte.

Die UNO oder »Ärzte ohne Grenzen« kaufen die Erdnusspaste, die auch unter schlechten Hygienebedingungen lange haltbar ist und Unterernährung erwiesenermaßen wirksamer bekämpft als herkömmliches Milchpulver. Lescannes Geschichte ist eine Erfolgsgeschichte, die beweist, wie sich Erfindergeist, Mut und visionäres Denken auszahlen; und ein Musterbeispiel dafür, dass der Mensch auch bei seiner Ernährung von moderner Technik und kreativer Forschung profitiert.

Das Deutsche Institut für Lebensmitteltechnik ist ein privates Forschungsinstitut, das von mehr als 120 Unternehmen aus Lebensmittelproduktion, Maschinenbau, Mess- und Verfahrenstechnik getragen wird.

Die Herstellung von Lebensmitteln ist seit jeher eine technische Wissenschaftsdisziplin gewesen. Das Garen erleichterte dem Urmenschen vor Jahrtausenden das Kauen und Verdauen, Mönche brauten seit dem frühen Mittelalter Bier. Bäcker bringen seit Jahrhunderten mit Hefe einen Teig zum Gären, und das Wissen um das Zusammenspiel von Milch und Bakterienkulturen brachte würzigen Käse hervor.

Heute greift die Lebensmittelherstellung auf die Kenntnisse mehrerer Ingenieurswissenschaften zurück: schonender, ökologischer Umgang mit landwirtschaftlichen Erzeugnissen, um Nährstoffe zu erhalten; physikalisches, chemisches und biologisches Knowhow in der Verarbeitung; und eine ganze Menge handfester Technologie: Maschinen zum Zerkleinern, Pressen, Mischen, Abfüllen und Verpacken, Methoden zum Erhitzen und Kühlen, zur Gärung oder Konservierung. Lebensmitteltechniker sorgen dafür, dass in Zeiten industrieller Produktion Qualität auf unseren Tellern landet. Auf nichts reagiert der Mensch so konservativ wie auf das, was er zwischen die Zähne bekommt. Und selten zeigt er so viel Empörung wie bei Pfusch in der Lebensmittelherstellung, vom Gammelfleisch bis zur Angst vor Zusatzstoffen.

In Deutschland werden pro Jahr rund 140 Milliarden Euro mit Lebensmitteln umgesetzt, die nicht immer sauber sind. Zum Glück gibt es Lebensmitteltechniker, die mit intensiven Kontrollen den Betrug oftmals aufdecken. Wissenschaftler vom Fraunhofer-Institut haben ein Verfahren entwickelt, das die Frische von Fleisch bestimmt. Der taschenbuchgroße Scanner arbeitet mit gefärbten Laserstrahlen, die je nach Frischezustand des Fleisches unterschiedlich gestreut und reflektiert werden. Dadurch werden zum Beispiel Unterbrechungen in der Kühlkette erkennbar. Auf dem Fischmarkt der französischen Hafenstadt ist der »e-Fish« im Einsatz, ein Messgerät, das die Resthaltbarkeit von Fisch prüft und bei verdorbener Ware Alarm schlägt. Verleihnix, der Fischverkäufer aus den Asterix-Comics, hätte hier keine Chance.

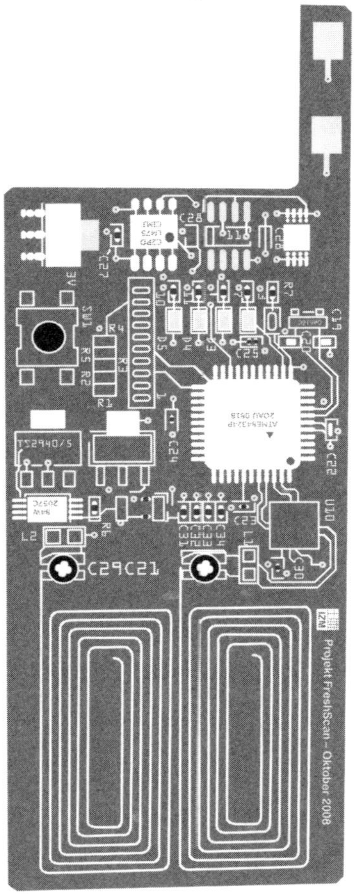

Datenlogger zur Speicherung von Sensordaten im mobilen Frischescanner.

Auch in der Spargelsaison werden Lebensmittelkontrolleure aktiv. Denn dann werden auf Wochenmärkten immer wieder Stangen unbekannter Herkunft als teures deutsches Gemüse verkauft. Lange waren deutsche Spargelbauern machtlos gegen den Schummel – bis findige Ingenieure ein zuverlässiges Analyseverfahren entwickelten, die Isotopen-Methode: Am Mischungsverhältnis der Sauerstoffisotope, die das Wasser im Spargel enthält, lässt sich die Herkunft des Gemüses ablesen, denn jedes Anbaugebiet hat sein eigenes Isotopen-Muster.

Ingenieure entwickeln außerdem Verfahren, die dafür sorgen, dass unser Essen besser schmeckt, leichter zu verarbeiten oder länger haltbar ist. Das Deutsche Institut für Lebensmitteltechnik in Quakenbrück ist eine Mischung aus Physiklabor, Großküche und Maschinenraum. 40 Wissenschaftler tüfteln hier an der Herstellung von Getreideflocken oder an Versuchsanordnungen zum absolut gleichmäßigen Belegen von Tiefkühlpizza.

In Zürich haben Ingenieure den »Meltdown-Analyzer« erfunden, eine Maschine, die das Abschmelzverhalten von Speiseeis misst. Jetzt basteln sie am »Scoopability-Analyzer«, der die erforderliche Kraft beim Portionieren von Eis oder dem Aufstreichen von Butter ermittelt. Und Wissenschaftler von der TU Berlin haben ein Verfahren entwickelt, das die Größe der Eiskristalle in Tiefkühlerdbeeren minimiert – dadurch sind die Früchte nach dem Auftauen fest und saftig statt fade und matschig.

Weltretter Lescanne ist übrigens offenbar auch für deutsche Lebensmitteltechniker ein Vorbild: Ingenieure der Fachhochschule Fulda haben aus Abfällen der Rapsölproduktion unter Einsatz des Edelschimmelpilzes Rhizopus microsporus einen fettarmen Grundstoff für Lebensmittel entwickelt. Daraus können für hungernde Menschen Nahrungsmittel mit enormen Mengen an Proteinen wie Kekse oder Bratlinge gewonnen werden.

10

… weil Ingenieure Weltrekordler und Olympiasieger machen

Höher, schneller, weiter – brillanter Erfindergeist kämpft bei jedem Sportereignis mit um die Medaillen.

Was unterscheidet Weitsprung oder Turniertanz von Radsport oder Bobfahren? Die letzten beiden Sportarten sind ungleich abhängiger von Material und Gerätetechnik. Im Zweier- oder Viererbob siegt nicht unbedingt der schnellste, kräftigste Sportler, sondern der, der das beste Gerät hat. Mit einem zehn Jahre alten Bob würde selbst der beste Pilot keine Medaille mehr gewinnen.

Bei jedem Sportereignis läuft die Technik mit. Wenn Sportler Rekorde brechen, steht immer auch ein Ingenieur dahinter. Kein internationaler Sieger kommt heute noch ohne das Knowhow der Fachleute aus. Usain Bolt fliegt nach 9,58 Sekunden über die 100-Meter-Ziellinie im Berliner Olympiastadion. Er reißt die Arme hoch, nimmt die goldenen Schuhe, die ihn ins Ziel getragen haben, in die Hand. Die Leichtathletik-Fans jubeln dem jamaikanischen Sprintstar zu, Standing Ovations, Weltrekord! Bolt ist Weltmeister geworden – ein Erfolg, den er auch seinen Laufschuhen zu verdanken hat. Ingenieure haben sie ihm auf den Fuß geschneidert; den Athleten genau vermessen, seine Schrittfolge analysiert, Bewegungsabläufe computergestützt aufgezeichnet und unterschiedliche Materialien getestet. Die Karbonsohle sorgt für ein leichtes Gewicht von gerade einmal 200 Gramm. Der Schuh ist trotzdem stabil, auch bei hohen Geschwindigkeiten von 44,72 Kilometern pro Stunde, wie Usain Bolt sie erreicht. Der Laufschuh ist ein kompliziertes Gesamtwerk. Bevor der Sportler ihn tragen kann, testen die Ingenieure in umfangreichen Versuchsreihen seine Dämpfungsfähigkeiten, Materialstärke, Stabilität und Flexibilität.

Die Otto-von-Guericke-Universität Magdeburg bildet im Studiengang Sport und Technik jährlich bis zu 30 Diplom-Sportingenieure aus.

Sport ist ein hoch technologisierter Bereich. Seit der Antike haben Techniker Sportgeräte hergestellt. Bei den Olympischen Spielen 708 v. Chr. traten die Athleten im antiken Fünfkampf gegeneinander an, unter anderem im Diskus- und Speerwurf. Der Wurfspeer (altgriech. akontia) war ein etwa zwei Meter langer Holzstab mit Schleuderriemen.

Während die Geräte seinerzeit aus Naturprodukten wie Holz, Leder oder Naturfasergeweben hergestellt wurden, setzten sich im 20. Jahrhundert leichte Kunststoffe durch. Die neuen Materialien verschoben die Leistungsgrenzen des Menschen, erschlossen neue Schwierigkeitsgrade und ermöglichten wiederum neue Sportgeräte und Sportarten wie Skateboarden, Mountainbiken und Inlineskaten. Liefen die Fußballer bis vor hundert Jahren noch einer mit Lederhaut überzogenen luftgefüllten Schweinsblase hinterher, die mangels Ventils zugebunden wurde, recht unrund war und sich bei Regen vollsog, haben Ingenieure heute eine Thermo-Klebetechnik entwickelt, die den Ball praktisch wasserundurchlässig macht. Auch nach Tausenden Schüssen ist er noch beständig in Form und Größe. Die Zukunft sehen Wissenschaftler und Ingenieure im sogenannten intelligenten, mit Chip und Sensor ausgestatteten Fußball, der während des Spiels Daten speichert und strittige Tor- oder Abseitsentscheidungen klärt. Er berücksichtigt Schuhe, Beschleunigung und Schüsse.

Techniker entwickeln Strömungskanäle und Spezialanzüge für Schwimmer, bauen schnelle Skier, Trainingsergometer, Highspeed-Boote, Bobs und Klappsysteme für Schlittschuhe. Ingenieure des Magdeburger Instituts für Forschung und Entwicklung von Sportgeräten (FES) etwa erfanden vor 25 Jahren das leichte, aber dennoch stabile Rennrad aus Karbon, das in der Folge weltweit unzählige Olympiasiege eingefahren hat und inzwischen seinen Siegeszug durch die Fahrradgeschäfte der Republik angetreten hat.

Ein besonders gelungenes Beispiel, das die Möglichkeiten der Sporttechnik zeigt, zugleich aber auch, welche Grenzen im Sinne sportlicher Fairness in einigen Fällen gezogen werden müssen, ist der umstrittene Ganzkörper-Schwimmanzug Speedo LZR aus Polyurethan. Die Stoffbahnen des hoch technischen Anzugs sind per Ultraschall miteinander verschweißt, Nähte, die für Widerstand im Wasser sorgen würden, entfallen. Die US-amerikanische Weltraumbehörde NASA sowie das australische Institut für Sport in Canberra waren in die Entwicklung eingebunden, für die sich die Firma Speedo drei Jahre Zeit nahm. Der sogenannte Core Stabilisator ermöglicht es dem Schwimmer, seine optimale Wasserlage länger zu halten. Das ultraleichte, extrem widerstandsarme Gewebe gibt dem Körper des Schwimmers eine ausgeprägtere stromlinienförmige Kontur. Seit 2010 sind die Anzüge, in denen die Weltrekor-

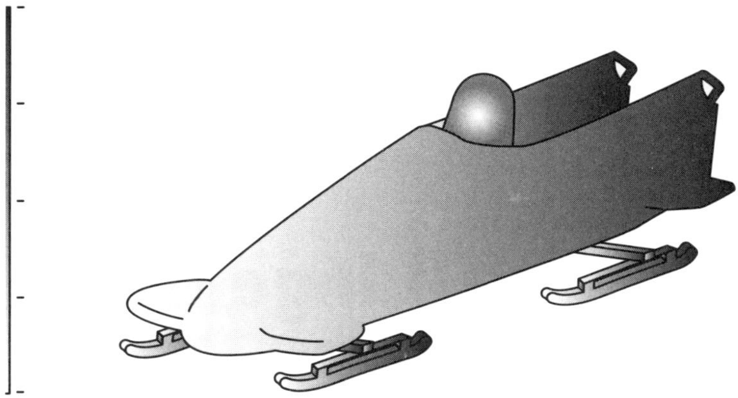

Computersimulation des am FES entwickelten Bob 206 – mit Methoden der Strömungsmechanik werden Sportgeräte optimiert.

de bei den Olympischen Spielen in Peking 2008 nur so purzelten, allerdings verboten. Das hat der Schwimm-Weltverband FINA aus Gründen der Chancengleichheit beschlossen. Wettkämpfe sollten ein Ringen der Sportler bleiben, das die Ingenieure unterstützen, aber nicht dominieren.

Die Kunst des Ingenieurs besteht darin, die physikalischen Gesetze mit den individuellen Bedürfnissen der Sportler in Einklang zu bringen. Die Wissenschaftler müssen deshalb gut zuhören und sich auf den Athleten und seine Wünsche einstellen. Oft sind Ingenieure selbst gute Sportler, wie die Ruderer Andreas Penkner und Matthias Flach, die Kanuten Björn Goldschmidt und Lutz Altepost oder der Segler Jan Peckolt, dessen selbstkonstruiertes Trapezsystem den Härtetest Peking 2008 bestanden und dem Neu-Olympioniken gleich die Bronzemedaille beschert hat.

11

… weil Ingenieure die Erotik des Alltags erspüren

Unser Leben ist von Technik geprägt. Wie wichtig technische Gebrauchsgegenstände sind, merken wir erst, wenn sie ausfallen.

Das Angenehme an Alltagsroutinen ist, dass man nicht darüber nachdenken muss. Wir föhnen uns die Haare mit exakter Temperatur, trinken guten Kaffee aus einer formschönen Maschine, besteigen ein Auto, das anspringt, beschleunigt und Musik spielt, die wir gerne hören. Wir hangeln uns durch den Alltag an einer schier endlosen Kette von Maschinen, Technik und Erfindungen, die gar nicht mehr auffallen – bis sie fehlen.

Ingenieure haben eine andere Sicht auf die Welt. Für sie sind die kleinen Probleme genauso interessant wie die großen, vielleicht sogar interessanter: 1954 beschäftigte sich Phillippe Guy E. Woog mit der Entwicklung einer elektrischen Zahnbürste. Das Gerät, das er Broxodent nannte, verfügte über einen oszillierenden Motor, der die kreisende Bewegung des Zähneputzens nachahmte. Sein Automat wurde ein weltweiter Erfolg, verkaufte sich bis heute mehrere hundert Millionen Mal und revolutionierte die Mundhygiene des Menschen.

Alltagstechnik fasziniert Ingenieure – und das macht sie allseits beliebt, wenn es darum geht, Kaputtes zu reparieren. Ingenieure sind Tüftler, die sich nicht nur dafür interessieren, ob etwas funktioniert, sondern auch, wie. Beim Nachdenken über Gebrauchsgegenstände haben sie unser Leben schon oft nachhaltig verändert, ohne dass es uns heute überhaupt noch auffällt.

Das Prinzip: Einen Gegenstand verbessern, der eigentlich nicht mehr zu verbessern scheint. Das gelingt nicht immer und bedarf einer gewissen Genialität. So setzte sich zum Beispiel die Bürste mit integrierter Zahnpasta, die der Schauspieler Bud Spencer angeblich erfunden hat, nicht durch. Aber immer wieder gelingen solche Verbesserungen. Bis in die 1920er Jahre brauchte man einen Topf und offenes Feuer, wollte man Wasser zum Kochen bringen. Aussehen und Technik von Wasserkesseln hatten sich seit ihrer Erfindung in Mesopotamien etwa 3500 v. Chr. so gut wie nicht verändert. Das Produkt schien ausgereift, wenn auch etwas unpraktisch.

Das erste Patent auf einen Staubsauger wurde 1876 Anna und Melville Bissell erteilt. Ihr Gerät war auf einen Pferdewagen montiert. Von dort wurde dann per Schlauch das Haus gereinigt.

Die Erfindung des elektrischen Wasserkochers wird heute Arthur Leslie Large zugeschrieben. Er platzierte ein Metallteil im Inneren eines Kessels, das unter Strom gesetzt wurde, bis das Wasser kochte. Die meisten Menschen erhitzen ihr Wasser seitdem schnell und ungefährlich mit Strom, statt mit Feuer hantieren zu müssen.

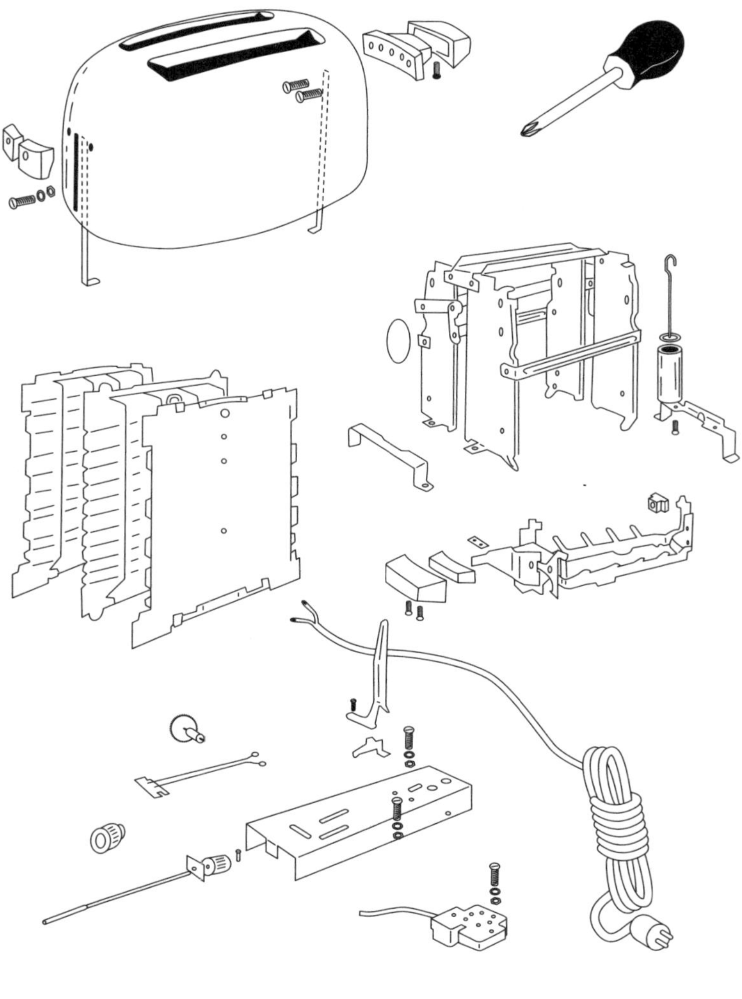

Anfang des 20. Jahrhunderts wurde der Toaster patentiert. Heute fehlt das vollautomatische Gerät in kaum einer Küche.

Auf ähnliche Weise brachte Unzufriedenheit mit verbranntem Brot in der Kantine seiner Fabrik den Mechanikermeister Charles Strite aus Minnesota während des Ersten Weltkriegs dazu, den Toaster zu erfinden. Sein Gerät stattete er mit einer Zeitmessung und einer Sprungfeder aus, sodass das Weißbrot darin nicht mehr verbrennen würde. So revolutionierte er das Rösten, das schon die alten Römer angewandt hatten, um Brot knuspriger und haltbarer zu machen.

Der Fantasie von Ingenieuren sind keine Grenzen gesetzt, wenn es darum geht, den Alltag zu verändern und zu verbessern. So machte sich der eingangs als Erfinder der elektrischen Zahnbürste erwähnte Phillippe Guy E. Woog noch auf einem anderen Gebiet nützlich: Er erfand den Vibrator.

12

… weil Ingenieure krisenfest sind

Wer die Grundlagen versteht, wie und warum unsere technisierte Welt funktioniert, hat in jeder Krise Vorteile.

Seit Robinson Crusoe steht fest: Wer ohne Werkzeug ein Feuer machen kann, ohne Axt ein Floß bauen oder aus Palmwedeln ein Dach gegen Regen, der ist im Vorteil. Gerade in Krisensituationen ist es nützlich, einen Ingenieur an der Hand zu haben – nach einer Naturkatastrophe, einem Stromausfall oder Wasserrohrbruch, bei Umzug, Renovierung oder Dachschaden, beim Zelten in der freien Natur oder einer Autopanne irgendwo im Nirgendwo. Krisen können groß oder klein sein, aber wer sich selbst helfen kann, ist schon auf dem Weg heraus.

In jeder Phase einer Krise werden Ingenieure gebraucht: Bei der Ersten Hilfe, bei der Bewältigung und beim Abwickeln. Das gilt für die Luftbrücke nach Berlin im Kalten Krieg genauso wie für das Instandhalten eines Notstromaggregats im Flüchtlingslager oder den Rückbau des Pannen-Reaktors in Tschernobyl. Ingenieure sind die Krisenmanager der Gesellschaft.

Sie wenden Techniken, die den meisten von uns nur in Ausnahmesituationen begegnen, jeden Tag an. Sie haben gelernt, aus den zur Verfügung stehenden Mitteln das Beste zu machen.

Eine Bewegung, die solche Techniken systematisch sammelt und ausprobiert, nennt sich Survivalismus. Den Überlebenskünstlern geht es darum, Fertigkeiten zu erlernen, die ein Überleben in lebensbedrohlichen Situationen ermöglichen: Wo suche ich Trinkwasser in der freien Natur? Wie finde ich Nahrung? Wie schütze ich mich vor Regen und Kälte? Wie orientiere ich mich? Wie wehre ich mich?

Viele der Techniken, die die Survivalisten zusammentragen, stammen von Urvölkern wie den Inuit oder den Indianerstämmen Nordamerikas. Aber auch das Wissen der Ingenieure ist eine wichtige Quelle für sie. Während des Zweiten Weltkriegs und des Vietnamkriegs entwickelten Briten und Amerikaner mit Hilfe von Experten Programme, die ihren Soldaten ein Überleben in feindlichem Gebiet ermöglichen sollten.

Das »US Army Survival Handbuch« ist ein Klassiker der Survival-Bewegung. Es beschreibt Überlebenstechniken der amerikanischen Elitetruppen.

Aber jede Krise ist anders. Improvisieren ist darum die Schlüsselqualifikation der Ingenieure. Gerade in unserer hoch technisierten Welt sind sie unersetzlich, wenn etwas schiefgeht. Und selbst in Wirtschaftskrisen sind Ingenieure diejenigen, die sich wieder an die Arbeit machen: Wenn alte Geschäftmodelle nicht mehr funktionieren, müssen neue her. Wer entwickelt neue Produkte, Maschinen und Abläufe? Die Ingenieure.

Das Survival Kit enthält Werkzeuge, die im Notfall helfen.

13

… weil Ingenieure in Meerestiefen eintauchen, die noch kein Mensch je gesehen hat

Damit Menschen im Ozean forschen können, bauen Ingenieure überlebensnotwendige technische Geräte.

Professor Pierre Arronax vom Naturhistorischen Museum in Paris hat sich internationales Renommee mit seinem Standardwerk »Die Geheimnisse der Meerestiefen« verschafft. Als sich in den Jahren 1866 und 1867 Berichte von Seereisenden über ein geheimnisvolles Unterwasserobjekt häufen, lädt ihn die amerikanische Regierung zu einer Expedition ein, die dem Geheimnis auf die Spur kommen soll. Die Fregatte »Abraham Lincoln« macht sich von New York aus auf den Weg, wird jedoch bald im Pazifik versenkt. Arronax kann sich in das Innere des unbekannten Objekts retten, das sich als Unterseeboot entpuppt. An Bord der »Nautilus« unternimmt er nun eine abenteuerliche Weltreise in den Tiefen des Meeres und ist dabei, als Kapitän Nemo als erster Mensch den Südpol erreicht.

In seinem 1874 erschienenen Sciencefiction-Roman »20 000 Meilen unter dem Meer« nimmt der französische Schriftsteller Jules Verne die technische Entwicklung des Unterseebootes vorweg. Die Welt in den dunklen Tiefen unter dem Meeresspiegel hat die Fantasie der Menschen seit Jahrhunderten beflügelt. Doch hingelangen konnte niemand. Zu Beginn des 19. Jahrhunderts gelang es dem englischen Forscher Sir John Ross, erstmals in der Tiefsee Leben nachzuweisen. Mittels eines Greifers holte er Wurm- und Quallenarten aus 2000 Meter Tiefe an Bord seines Schiffes.

In 11 034 Metern liegt die tiefste Stelle der Weltmeere, die »Challenger-Tiefe« im Marianengraben. Nur der unbemannte japanische Unterwasser-Roboter »Kaiko« war jemals dort.

Erst hundert Jahre später baute der Ingenieur Otis Barton zusammen mit dem Tiefseeforscher William Beebe die Bathysphere – eine technisch ausgeklügelte Unterseekugel, hohl und aus Stahl, mit atmosphärischem Druck, einem Durchmesser von 1,44 Meter und Bullauge. Ein Kabel verband sie mit dem Mutterschiff. Mit ihr tauchten die beiden Tiefsee-Pioniere vor den Bermuda-Inseln in über 900 Meter Tiefe hinab. 1948 erreichten sie mit 1370 Metern einen neuen Rekord. So tief drang vor ihnen noch kein Mensch in das Meer vor.

1960 gelang es Jacques Piccard und Don Walsh, mit ihrem Boot »Trieste« in elf Kilometer Tiefe zu tauchen. Fünf Stunden waren

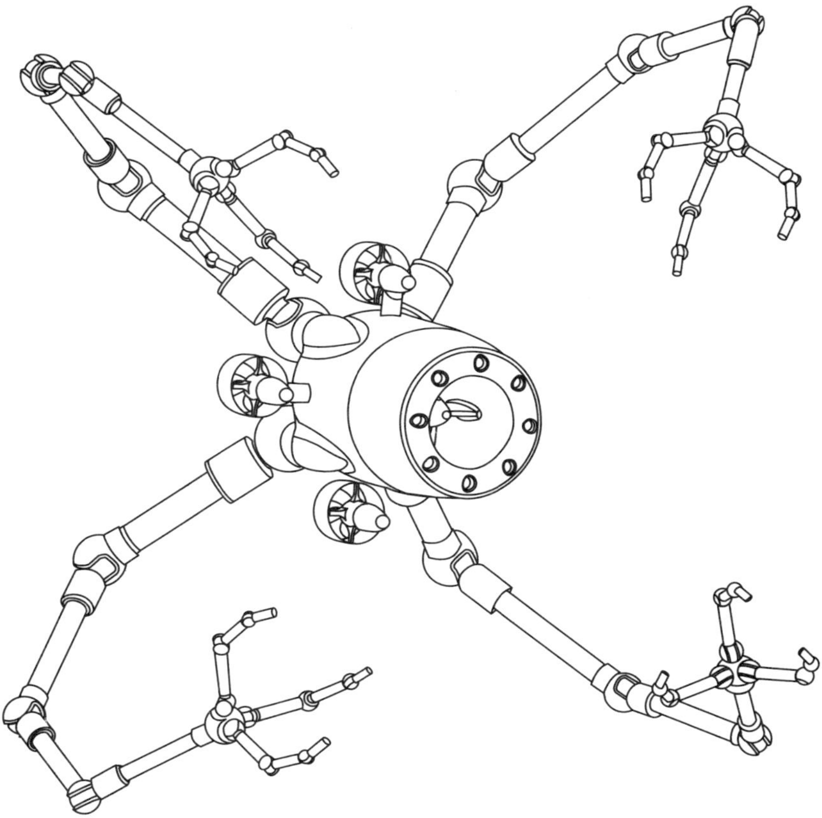

Der Unterwasserroboter mit Tastsinn wartet Bohrinseln und Kabel, nimmt Sedimentproben und kann sich selbst in der Tiefsee orientieren.

sie unterwegs zum Grund des Marianengrabens vor der Pazifikinsel Guam. Auf dem Boot lastete der unglaubliche Druck von über 170 000 Tonnen. Dass Piccard und Walsh überlebten, verdankten sie nicht zuletzt dem kleinen technischen Meisterwerk seiner Zeit, das sie in die Tiefe und wieder hinauf beförderte. Die Firma Krupp-Maschinenbau in Essen hatte die Druckkörperkugel hergestellt. Der größte des Teil des Ballasts bestand aus einer Vielzahl Stahlkugeln, die von Elektromagneten gehalten wurden. Bei einem Ausfall der Stromversorgung lösten sich die Kugeln sofort, und das Boot tauchte selbsttätig auf.

Die Lebensbedingungen in der Tiefsee sind extrem. Die Temperatur ist gleichbleibend niedrig (minus ein bis vier Grad Celsius), und in 10 000 Meter Tiefe herrscht ein Druck von etwa 1000 Bar. Es gibt kein Licht und deshalb auch keine Pflanzen. Trotzdem hat sich eine vielfältige Tierwelt entwickelt. Erst 17 000 von den geschätzten 200 000 Spezies in den Ozeanen konnten bislang beschrieben werden.

Mit einem Tauchkoloss wie der nur schwer manövrierbaren »Trieste« würde sich heute kein Mensch mehr in die Tiefe wagen. An ihre Stelle sind moderne Tauchsysteme und Unterwasserroboter getreten. Der Tauchroboter »ROV Kiel 6000« des Leibniz-Instituts für Meereswissenschaften (IFM-GEOMAR) in Kiel ist das zurzeit modernste Gerät seiner Art. Firmen aus Schleswig-Holstein haben die technischen Systeme geliefert. Der Roboter taucht bis zu sechs Kilometer tief und kann 90 Prozent des Meeresbodens der Weltozeane erreichen. Das ferngesteuerte Unterwasserfahrzeug sammelt Proben mit elektrohydraulischen Greifarmen. Eine hochauflösende HD-Kamera dokumentiert die Lebenswelten in der Tiefsee.

Dem Werkstoff Stahl kommt eine herausragende Bedeutung zu, hängt der tonnenschwere »Kiel 6000« doch nur an einer 19 Millimeter dicken, 6,5 Kilometer langen, stahlarmierten Schnur. Sie versorgt das Fahrzeug mit Strom und über Glasfaserkabel mit den Steuerbefehlen, die die Piloten per Joystick geben. Ein Meilenstein, der ohne Ingenieurskunst nicht denkbar wäre.

Ingenieurs-Knowhow ist auch in der wissenschaftlichen Polarforschung gefragt. Auf der Neumayer-Station des Alfred-Wegener-Instituts Bremerhaven, Deutschlands Zentrum der Antarktisforschung, lebt, arbeitet und überwintert auch ein Ingenieur des Maschinen- oder Schiffsmaschinenbaus. Monatelang ist die Mannschaft nur über Funk mit der Außenwelt verbunden. Ein kältetaugliches Flugzeug versorgt sie mit Spezialausrüstung. Besondere Technik brauchen die Meeresforscher auch, um ihr Unterwasserlabor vor Helgoland zu bauen. »MarGate« soll mit modernsten Sensortechnologien meeresbiologische Daten erfassen und online stellen.

Das Meer wird künftig unerschöpfliche Möglichkeiten bieten für die Ernährungsforschung, Pharma- und Medizintechnik sowie Fragen der Energieversorgung und des Weltklimas beantworten. Dass Mensch und Technik in den unwirtlichen Tiefen der Ozeane überleben, arbeiten und forschen können, verdanken sie der Unterwassertechnik der Ingenieure.

14

... weil Ingenieure immer neue Werkstoffe erfinden

Ein neuer Mikrochip, ein neues Flugzeug, eine neue Karosserie können nur funktionieren, wenn das Material stimmt. Ingenieure liefern den Stoff für Innovationen.

An fast alle Gegenstände des täglichen Gebrauchs werden besondere Anforderungen gestellt. Ob Küchenspülen, Gebäudefarben, Hüftimplantate, Musikinstrumente oder Zylinderstifte – vielen modernen Produkten, ob aus Metall oder Kunststoff, sieht man auf den ersten Blick nicht an, was in ihnen steckt.

Innovationen hängen heute maßgeblich von den Eigenschaften der Werkstoffe ab. Natürliche Materialien bestehen aus wenigen Bausteinen und haben dennoch eine große Vielfalt an Mikrostrukturen. Die Natur benötigt nur eine geringe Anzahl an Zutaten, um komplexe Verbundmaterialien mit herausragenden Materialeigenschaften herzustellen. Bei künstlichen Materialien ist das umgekehrt: Es gibt meist eine begrenzte Zahl an hierarchischen Ebenen, dafür aber eine Fülle an potenziell kombinierbaren Werkstoffen.

Bei der Herstellung von Mikrochips, die Grundlage jeder komplexen Elektronik, kommt hoch entwickelte Keramik zum Einsatz. Computer müssen immer leistungsfähiger werden, deshalb werden an die Mikrochips hohe Anforderungen gestellt. Die im Chip enthaltende Keramik dient zur Kühlung. Sie muss sehr dünn und stabil sein, um den optimalen Wärmeleitungsprozess zu ermöglichen. Aber schon bei der Herstellung der Mikrochips ist äußerste Präzision geboten: Da sich Keramik und die für den Chip verwendeten Metalle bei gleicher Temperatur unterschiedlich stark ausdehnen, kommt es auf den millionstel Millimeter an, damit hinterher alles passt.

Von der Alchemie des Mittelalters ist die Arbeit des Werkstoffingenieurs – trotz oftmals zauberhafter Ergebnisse – meilenweit entfernt: Wenn Experten heute Materialien erfinden, herstellen, testen und verbessern, geschieht dies auf Grundlage wissenschaftlicher Erkenntnisse.

Kunststoff, Glas, Keramik, Stahl, Aluminium oder Kupfer – wird ein neues Produkt entwickelt, stellt sich immer die Frage, aus welchem Material es gefertigt werden soll. Werkstoffingenieure erforschen, entwickeln, überprüfen und verbessern die Eigenschaften von Materialien. Sie kennen nicht nur deren exakte Eigenschaften, sondern auch Fertigungswege, Weiterverarbeitung und Einsatzmöglichkeiten. Sie arbeiten in allen Wirtschaftsbranchen, in der Forschung, in Materialprüfämtern, Ministerien und im Patentwesen.

Im Fraunhofer-Institut für Polymermaterialien und Composite (PYCO) im brandenburgischen Teltow stellen Ingenieure

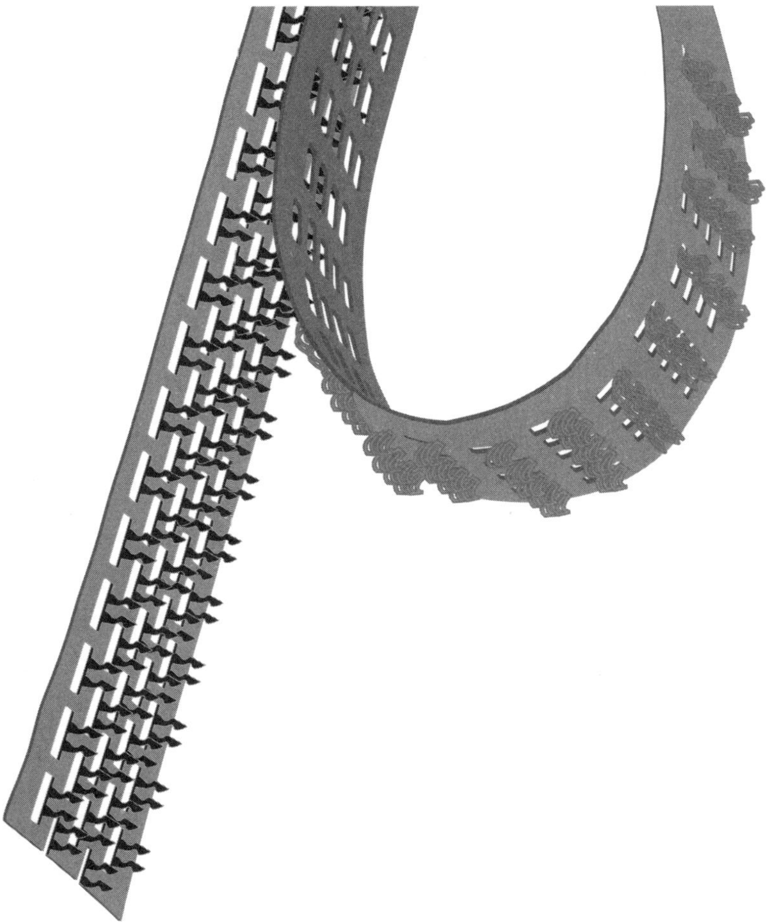

Der Klettverschluss aus nichtrostendem Federstahl ist fest und gleichzeitig flexibel. Das temperaturbeständige Material der ThyssenKrupp Nirosta Präzisionsband in Schalksmühle wurde mit dem Stahl-Innovationspreis der Wirtschaftsvereinigung Stahl ausgezeichnet.

hoch vernetzte Polymere (Molekülketten) her, die insbesondere in der Luftfahrt-, Informations- und Kommunikationstechnik zum Einsatz kommen. Polymere werden zum Beispiel in Form von Farbstoffmolekülen für die Herstellung von modernen Flachbildschirmen genutzt, da sie gegenüber herkömmlichen Bildschirmen diverse positive Eigenschaften haben. So emittieren sie farbiges Licht und sind auf diese Weise deutlich energiesparender und umweltfreundlicher. Außerdem sind sie extrem dünn und sehr flexibel einsetzbar. Ingenieure, die in diesem Feld arbeiten, müssen vor allem über Wissen im Bereich der organischen und anorganischen Chemie verfügen. Und auch der Airbus 380 würde nicht abheben können ohne hochmoderne Verbundwerkstoffe.

ThyssenKrupp Stainless Global entwickelt nichtrostende Edelstahlprodukte, hitzebeständigen Stahl, Nickellegierungen und Titan. Die Hightech-Materialien müssen nicht nur in der wohltemperierten heimischen Küche, sondern auch bei Wind und Wetter in der Natur oder sogar im Weltraum allen widrigen Einflüssen standhalten. Insbesondere Nickellegierungen werden benötigt, um Prozesse zu kontrollieren, die bei hohen und sehr hohen Temperaturen ablaufen, zum Beispiel in Flugzeugtriebwerken, in denen Temperaturen von mehreren Tausend Grad Celsius herrschen. Eingesetzt werden Nickellegierungen aber auch in der Energie- und Umwelttechnik, in der Automobilindustrie, in Offshore- und Meerestechnik. Ingenieure sichern die Qualität der Materialien, mit denen wir im Alltag ganz selbstverständlich umgehen.

15

... weil Ingenieure Verbrecher zur Strecke bringen

Sherlock Holmes wäre heute ein Ingenieur. Technik ist immer dabei, wenn es gilt, Mord, Raub oder Datenbetrug aufzuklären und zu bekämpfen.

Der mordende Ingenieur hat es bis nach Hollywood geschafft. In »Das perfekte Verbrechen« spielt Anthony Hopkins den Aeronautiker Ted Crawford, der einen brillanten Mordplan konstruiert, um seine untreue Gattin aus dem Weg zu räumen. Bis ins letzte Detail hat der Ingenieur sein Verbrechen vorbereitet. Er kennt die polizeilichen Ermittlungstechniken, untersucht selbst Flugzeugabstürze und ist darauf spezialisiert, kleinste Fehler und Risse zu finden. Fast gelingt dem Ingenieur tatsächlich, wovon jeder Mörder träumt: ungestraft davonzukommen. Verbrechensbekämpfung ist heute ein hochtechnisierter Bereich. Ingenieurs-Knowhow ist immer gefragt, wenn Verbrechen aufgeklärt, Straftäter ermittelt werden. Während die scharfsinnige Miss Marple in den Kriminalromanen Agatha Christies ihre Mörder noch vornehmlich durch intensives Befragen, Beobachten und logisches Kombinieren überführen konnte, ist moderne Technik aus der Ermittlungsarbeit mittlerweile nicht mehr wegzudenken. Der enorme Erfolg der amerikanischen TV-Serie »CSI: Den Tätern auf der Spur« zeigt, dass die Faszination und Begeisterung für Kriminaltechnik weltweit riesengroß ist. Ein Team von kriminaltechnischen Ermittlern löst in jeder Folge spektakuläre Verbrechen.

Das Bundeskriminalamt etwa beschäftigt in Wiesbaden eine Expertengruppe »Technologien«, in der 60 Kriminalbeamte, Wissenschaftler, Techniker und Ingenieure zusammenarbeiten. Ihr Job ist es, sämtliche technischen Neuheiten daraufhin zu prüfen, ob sie der Polizei dabei helfen können, Verbrecher zu jagen. Ingenieure konstruieren Systeme, die überwachen, authentifizieren, aufklären und erkennen.

Seit die elektronische Wegfahrsperre bei Kraftfahrzeugen eingeführt wurde, sinkt die Zahl entwendeter Autos in Deutschland jährlich um mehr als 10 Prozent.

Biometrie, Genetischer Fingerabdruck und DNA-Analyse haben die Verbrechensaufklärung in den letzten Jahren revolutioniert. Kleinste Haarspuren, Blutspritzer oder Hautfasern weisen die Spur zum Täter. Mittels Technik werden Spuren gesichert, Beweise ausgewertet und Verbrechen vorgebeugt. Die Aufklärungsrate hat sich in den letzten vierzig Jahren um mehr als sieben Prozentpunkte auf deutschlandweit 55,4 Prozent gesteigert.

Traditionelle forensische Methoden wie die Handschriftenanalyse, die ballistische Prüfung von Projektilen und die Untersuchung von Schuhsohlenprofilen könnten bald ausgedient haben,

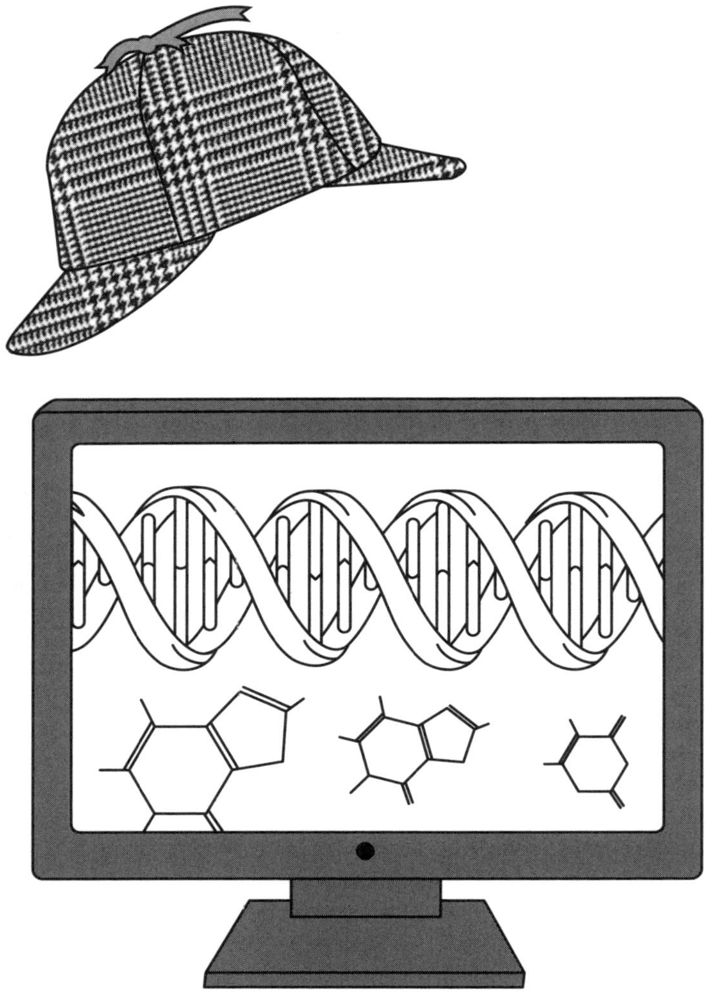

Wer in der technisierten Gesellschaft Verbrechen vorbeugen und kriminelle Taten aufklären will, ist auf das Knowhow von Ingenieuren angewiesen.

gelten sie doch zunehmend als unzuverlässig. Gegner kritisieren, dass kaum unabhängige Studien existieren, welche die Fehlerquote der Verfahren untersuchen. Der Fingerabdruck galt bislang als sicheres Mittel, einen Täter zu überführen. Spezialisten scannen am Tatort hinterlassene Fingerspuren und gleichen sie mit der elektronischen Verbrecherkartei ab. Wer einmal straffällig geworden ist, kann jederzeit wieder überführt werden, sofern er Fingerabdrücke hinterlässt.

Genetische und biometrische Identifizierung sind jedoch um ein Vielfaches genauer und zuverlässiger. Die DNA-Analyse ist der Fingerabdruck des 21. Jahrhunderts. Die Technik ist inzwischen so verfeinert, dass selbst aus gewaschenen Textilien noch genetische Spuren gewonnen werden können. Die Bremer Polizei setzt in einem Pilotprojekt künstliche DNA ein, um Einbrechern das Handwerk zu legen. Die unsichtbare Substanz wird unter ultraviolettem Licht sichtbar. Sie wird auf Wertgegenstände aufgetragen und haftet am Dieb, wenn der sie entwendet. Polizisten überführen den Einbrecher mittels einer speziellen Ultraviolett-Taschenlampe. Denkbar sind auch DNA-Duschen über den Eingängen von Banken und Tankstellen, die bei Überfällen die Täter markieren. Bald sollen mit Hilfe von Gentests Phantombilder von gejagten Verbrechern erstellt werden.

Die Verbrecher der Zukunft bekommen es nicht nur mit der Polizei zu tun, sondern auch mit Ingenieuren.

16

… weil Ingenieure älteren Menschen das Leben leichter machen

Den Alterungsprozess können Ingenieure zwar nicht aufhalten, aber ihre Erfindungen machen das Älterwerden einfach erträglicher.

Die ältere Dame hat es sich auf dem Plüschsofa vor dem Fernseher gemütlich gemacht. Über den Bildschirm hält sie ihren Kaffeeplausch mit der alten Schulfreundin. Dann schaltet sie einen anderen Kanal ein und wird mit ihrem Enkel verbunden. Der erklärt, wie sie den Videorekorder programmieren kann. Über den Fernseher kann er verfolgen, ob seine Großmutter die Schritte richtig vollzieht. Was wie Zukunftsmusik klingt, wird schon bald Wirklichkeit sein. Die Gesellschaft wird immer älter. Wer heute in Deutschland geboren wird, hat eine um bis zu 30 Jahre höhere Lebenserwartung als derjenige, der vor 100 Jahren auf die Welt kam. Jeder zweite Mann wird mindestens 80 Jahre alt, und jede zweite Frau erlebt sogar ihren 85. Geburtstag. Zumindest das 60. Lebensjahr erreichen 94 Prozent der Frauen und 89 Prozent der Männer. Dem muss Technik Rechnung tragen. Die Generation 50plus wird immer technikaffiner. So nutzen zum Beispiel bereits 46 Prozent der 60- bis 69-jährigen Männer das Internet, bei den über 70-jährigen sind es 21 Prozent. Ältere Menschen aber haben andere Ansprüche an Sicherheit und Komfort als junge.

Das Fraunhofer-Institut für Zuverlässigkeit und Mikrointegration entwickelt im Projekt SELBST (Selbstbestimmt Leben im Alter mit Mikrosystemtechnik) Technologien, die auf die Bedürfnisse von Senioren zugeschnitten sind, die sie beherrschen und bezahlen können. Die meisten älteren Menschen besitzen heute mit Fernseher, Telefon und Radio eine mediale Grundausstattung, die ihnen im Alltag überaus hilfreich sein kann.

Das Bundesministerium für Bildung und Forschung fördert mit »SmartSenior – Intelligente Dienstleistungen für Senioren« ein Entwicklungsprojekt von insgesamt 29 namhaften Projektpartnern aus Forschung und Industrie.

Ein kleines Modul in der Hosentasche könnte beim Verlassen der Wohnung automatisch alle womöglich vergessenen Haushaltsgeräte ausschalten wie den Herd und das Licht oder das fließende Wasser abstellen. Geräte könnten registrieren, ob eine Person reglos am Boden liegt, und im Notfall Hilfe holen. Haustüren würden per Transpondertechnik geöffnet werden.

In Arbeitsgruppen suchen Ingenieure zusammen mit Arbeits- und Sozialwissenschaftlern sowie Designern technische Lösungen, die es Älteren ermöglichen, sicher, komfortabel und selbständig

Der iWalker wurde im Deutschen Forschungszentrum für Künstliche Intelligenz entwickelt.

zu leben. Ein besonderes Projekt ist die Senior Research Group an der Technischen Universität Berlin. Zwanzig Senioren – Ingenieure und Technik-Laien – unterstützen Produktentwickler und Hersteller technischer Geräte mit dem Ziel, diese seniorengerecht zu gestalten. Sie arbeiten unter anderem an einem Mobiltelefon, das gleichzeitig ein Computer ist und verschiedene Funktionen beinhaltet, die auf Ältere zugeschnitten sind. Beispielsweise verfügt das Telefon über einen Medikamentenwecker, ein Navigationsgerät und eine Taschenlampe. Kamera und Display könnten als Lupe genutzt werden. Das Gerät soll nicht aussehen wie ein typisches Senioren-Handy, aber einfach handhabbar sein.

Auch unterwegs zu sein ist für viele Menschen im Alter nicht mehr so einfach. Ingenieure entwickeln intelligente Assistenzsysteme wie den selbstlenkenden Rollstuhl, um gehbehinderten Menschen das Leben zu erleichtern. Das Deutsche Forschungszentrum für Künstliche Intelligenz hat den Prototyp einer Gehhilfe mit Navigationssystem konstruiert, das den Senior dank Laserscanner, mobilem Rechner und eingespeichertem Lageplan selbständig an ausgesuchte Zielorte fährt. Auf dem Bildschirm, der zwischen den Griffen angebracht ist, weisen Pfeile den Weg.

Und auch das Beispiel des Evangelischen Geriatrie-Zentrums Berlin zeigt, wie Ingenieurskunst dazu beitragen kann, älteren Menschen das Leben zu vereinfachen. Hier trainieren Patienten nach einem Schlaganfall in einem bisher einzigartigen Projekt, ihre Arme und Beine computerunterstützt wieder zu bewegen. Sie sitzen dabei vor dem Bildschirm und bewegen nach Anleitung die durch den Hirninfarkt gelähmte oder beeinträchtigte Körperseite. Auf dem Monitor können sie verfolgen, ob sie die Bewegungen korrekt ausführen und gegebenenfalls korrigieren. Das computergestützte System verbessert die Rehabilitationsmöglichkeiten.

17

... weil Ingenieure »Made in Germany« weltweit zum Gütesiegel gemacht haben

Kunden in aller Welt zahlen für deutsche Produkte gern ein bisschen mehr, denn sie wissen: Qualität hat ihren Preis.

»Made in Germany« ist ein weltweit bekanntes Markenzeichen. Deutschland als Exportweltmeister pflegt seinen Ruf, technisch ausgereifte, haltbare und hochwertige Waren herzustellen, nicht billig, aber preiswert. Was kaum jemand weiß: Dieses Markenzeichen war einst ein Schandmal, ersonnen, britische Kunden abzuschrecken. Heute ist diese Bezeichnung ein Qualitätssiegel – und das haben deutsche Ingenieure vollbracht.

Im Jahr 1887 herrscht Aufruhr in Westminster. Die Abgeordneten Ihrer Majestät streiten heftig darüber, wie die Insel vor den scheinbar unaufhaltsamen Fluten deutscher Produkte zu beschützen sei. Zölle? Das wäre ein zu deutlicher Affront und würde Vergeltungssteuern des Kaiserreiches nach sich ziehen. Stattdessen ersinnen die Herren Parlamentarier einen, wie sie finden, cleveren Kompromiss: Sie beschließen, den Nationalstolz ihrer Landsleute zum Ankurbeln der Nachfrage nach heimischen Gütern einzusetzen.

Die Briten sollten britische Waren kaufen, weil deren Qualität bekanntlich die der Importe weit überstieg. So entstand die sogenannte Lex Germania: Der »Merchandise Marks Act« bestimmte, dass alle eingeführten Waren mit der Aufschrift »Made in ...« auszuzeichnen seien. Die britischen Käufer, war man sich sicher, würden heimische Produkte bevorzugen – schließlich waren die Importe aus Deutschland liederlich hergestellte Imitationen erfolgreicher englischer Qualitätsprodukte.

www.ja-zu-deutschland.de heißt ein Portal, das Produkte »Made in Germany« vorstellt.

Tatsächlich: Die Deutschen verkauften damals Schund in großen Massen. Der Übergang vom Kunsthandwerk der Neuzeit zur modernen Industriegesellschaft war in vollem Gange. Deutsche Produkte litten an Ideenlosigkeit, schlechten Materialien und miesem Design. Die Briten hatten – dank der Entwicklung der Dampfmaschine – etwa hundert Jahre Vorsprung bei der Industrialisierung. Sie setzten die Qualitätsmaßstäbe und lieferten Maschinen, die für den aufholenden Kontinent nur schwer zu warten waren. Jede Schraube musste von der Insel importiert werden, denn die deutsche Industrie besaß weder das Knowhow noch die notwendigen Standards, um auch nur Ersatzteile herzustellen.

Auswege aus diesem Chaos fanden die Ingenieure. 1856 gründete sich der Verein Deutscher Ingenieure (VDI) und gab sich folgendes Ziel: »Der Verein bezweckt ein inniges Zusammenwirken der geistigen Kräfte deutscher Technik zur gegenseitigen Anregung und Fortbildung im Interesse der gesamten Industrie Deutschlands.« Der VDI entwickelte sich rasch zur Instanz für gemeinsame Industriestandards. Er legte fest, welche Materialien zu verwenden seien, wie die Qualität der Verarbeitung sichergestellt wurde und welche Standards bei der Produktion gelten sollten.

Das tut er bis heute: Der VDI hat mehr als 130 000 Mitglieder und ist eine der größten Ingenieursvereinigungen der Welt. 1700 Richtlinien bieten einen Maßstab für einwandfreies technisches Vorgehen. Es handelt sich dabei um Empfehlungen von Fachleuten, die allgemein anerkannte Regeln der Technik festhalten – ein unschätzbarer Vorteil.

Durch das systematische Standardisieren im 19. Jahrhundert wurden deutsche Produkte erst ähnlich gut, dann besser als die britischen. Zu Beginn des 20. Jahrhunderts galten deutsche Produkte in aller Welt als besonders zuverlässig, haltbar und technisch ausgereift. Zwischen 1871 und 1914 versechsfachte sich Deutschlands industrielle Produktion, die Ausfuhren vervierfachten sich. Es waren Jahre ungekannten Aufschwungs, nahezu ununterbrochener Hochkonjunktur, auch dank hoch qualifizierter Arbeiter, exzellenter wissenschaftlicher Forschung, die in der Praxis auch konsequent angewendet wurde, sowie dem Rückhalt in starken Institutionen und Sozialsystemen. Maschinenbau, Großchemie und Elektrotechnik waren weltweit Spitze und sind es bis heute geblieben.

»Made in Germany« war zu einem Markenzeichen geworden, dessen internationalen Wert keine Werbekampagne hätte schaffen können. Was die Briten als Abwehrmaßnahme gegen billigen Import-Schund geplant hatten, hatte sich zu einem Qualitätsversprechen entwickelt. Bis heute hilft Ingenieursdenken einer aufstrebenden, dynamischen Gesellschaft bei dem entscheidenden Schritt, erwachsen und erfolgreich zu werden. Mögen derzeit noch

Importe aus Fernost die westlichen Märkte überschwemmen, so wäre Hochmut die falsche Reaktion. Dass Kopisten durchaus Erfinder werden können, zeigt das Beispiel Deutschland. China ist derzeit mit dem Deutschen Reich des ausgehenden 19. Jahrhunderts zu vergleichen. Eine entscheidende Ursache des deutschen Wirtschaftswunders war die Arroganz der Konkurrenten. Mag sein, dass »Made in China« derzeit noch als Makel gilt. Nur deutsche Ingenieurskunst aber kann »Made in Germany« dauerhaft bewahren.

Im Jahr 1921 gründete der Ingenieur Max Braun sein Erfolgsunternehmen. Der Elektrorasierer spezial SM 2 wurde von Richard Fischer designt.

18

… weil Ingenieure Menschenleben retten

Herzschrittmacher, Operationsroboter, EKG – Ingenieurskunst hat die Medizin grundlegend verändert.

Arne Larsson ist todkrank. Er leidet am Adams-Stokes-Syndrom, anfallartig auftretenden kurzen Herzstillständen, ausgelöst durch eine Virusinfektion. Der 42-Jährige schwebt in Lebensgefahr, als er in das Stockholmer Karolinska-Institut eingeliefert wird. Im Laufe des Tages muss er dreißigmal wiederbelebt werden. Dr. Åke Senning und Ingenieur Rune Elmquist entschließen sich zu einem riskanten, noch nie erprobten Eingriff. Am 8. Oktober 1958 setzen sie Larsson den ersten vollständig implantierten Herzschrittmacher der Welt ein. Sie nähen ihn direkt auf den Herzmuskel.

Der schwedische Ingenieur Elmquist hatte die einfache, aber geniale Idee, zwei Transistoren zusammen mit einer Batterie in Kunstharz zu gießen. Als Behälter diente eine Schuhcremedose.

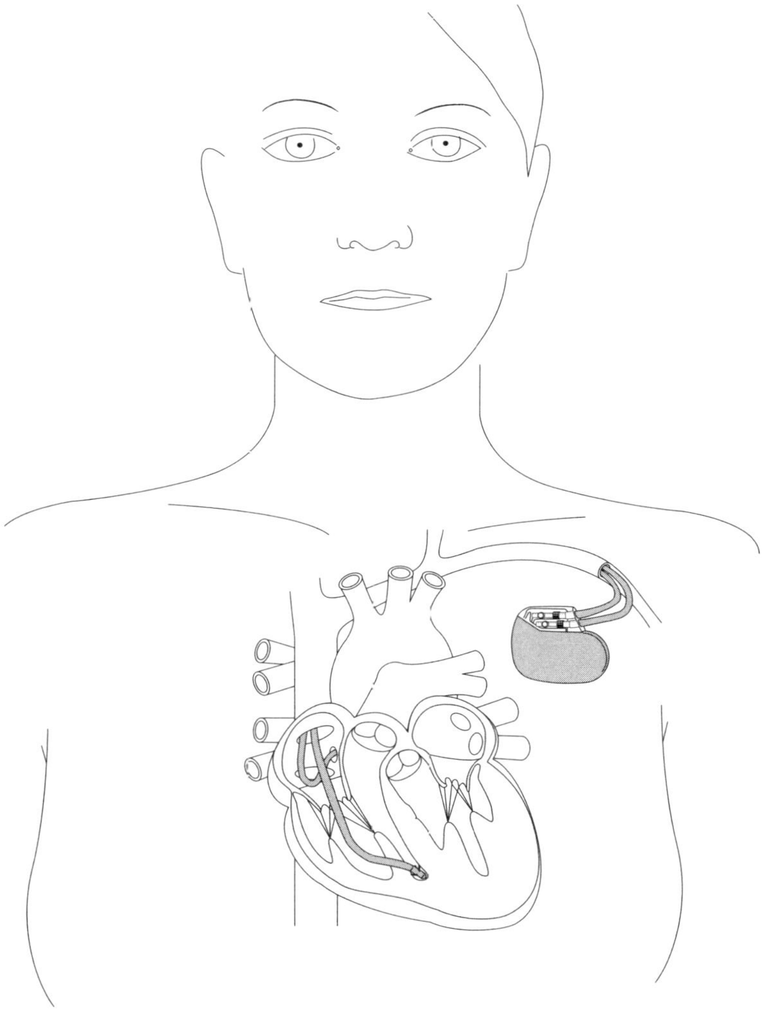

Medizinischer Fortschritt ist eng verknüpft mit technischen Innovationen.

Niemand weiß, ob das Gerät auch funktionieren wird. Doch der Patient überlebt, obwohl die Batterie seines Helfers bereits nach zwei Stunden leer ist. Larsson wird im Laufe seines Lebens 26 Herzschrittmacher verbrauchen, bevor er 86-jährig stirbt. Seither hat das kleine Gerät Millionen Menschen weltweit das Leben gerettet.

Ein Ingenieur im OP – das löste bei der Ärzteschaft anfangs Empörung und Unverständnis aus. Robert Mathys war einer der ersten Mechaniker, die ins Krankenhaus gingen und den Ärzten über die Schulter schauten. Er assistierte den Chirurgen und verbesserte in der Folge die Instrumente. In seinem 1946 gegründeten Unternehmen entwickelte er Implantate aus rostfreiem Stahl und stellte Instrumente für die Knochenchirurgie her. Als der Schweizer im Oktober 1958 zum ersten Mal den Operationssaal des Spitals Grenchen betrat, reagierte das medizinische Establishment ablehnend, weil es einen Verlust seiner Autorität befürchtete. Nur schleppend ließen die Ärzte sich überzeugen, dass es für den medizinischen Fortschritt gewinnbringend und mithin unverzichtbar ist, mit den Ingenieuren zusammenzuarbeiten.

Die deutsche Medizintechnik-Industrie ist mittelständisch geprägt. Rund 95 Prozent der Betriebe beschäftigen weniger als 250 Mitarbeiter.

Unaufhaltsam hat die Ingenieurskunst die medizinische Diagnostik, Prävention, Therapie und Rehabilitation revolutioniert. Schon vor 2500 Jahren stellten Handwerker nach Vorgaben von Ärzten Instrumente her. Hippokrates, der berühmteste Arzt des Altertums (460 bis 377 v. Chr.), verwendete zur Blutstillung ein Glüheisen (Kauteration). Während der Arzt sich bis ins 19. Jahrhundert hinein auf das subjektive Befinden seines Patienten verlassen musste, ermöglichten die neuen technischen Hilfsmittel wie das 1819 erfundene Stethoskop, die Röntgenstrahlen oder der Narkoseapparat erstmals einen objektiven Krankenbefund. Ingenieure entwickelten neue Materialien, zum Beispiel rostfreien Stahl für chirurgische Bohrer, stellten Spritzen, Kanülen, Zahnprothesen oder Rollstühle her und fanden neue Methoden wie EKG oder Gastroskopie.

Heute ist das Krankenhaus ein hochkomplexes technisches System aus Informationstechnologien, computergesteuerter Navigationstechnik und Operationsrobotern. Und der Ingenieur ein unverzichtbarer Partner der Medizin.

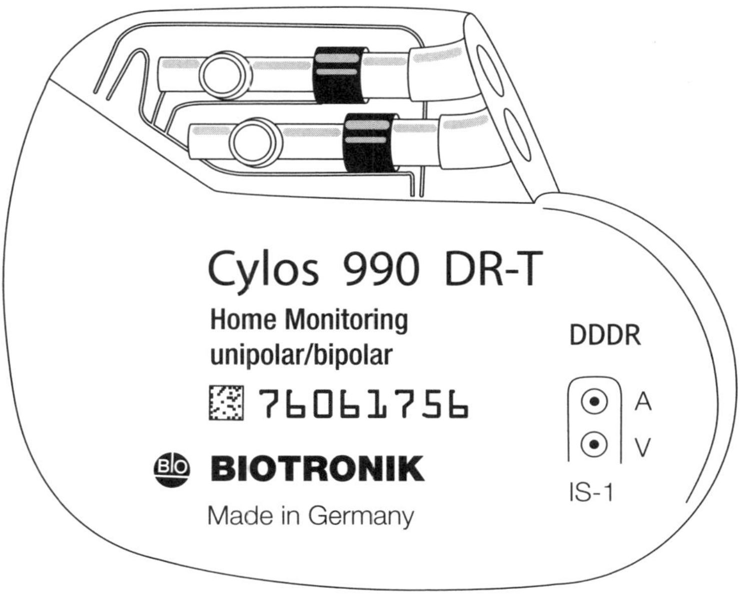

Neueste Herzschrittmacher ahmen den natürlichen Schrittmacher, den sogenannten Sinusknoten, perfekt nach.

19

… weil Ingenieure die Umwelt schützen

Ingenieure bauen Brücken zwischen Technik und Ökologie und besetzen die meisten Stellen in den grünen Berufen.

Umwelttechnik ist eine der wichtigsten Zukunftsbranchen. Die natürlichen Rohstoffe sind endlich, Klimaschutz und Energieversorgung sind globale Aufgaben. Die Umsätze mit grüner Technologie sollen in Deutschland Prognosen zufolge bis 2020 auf 300 Milliarden Euro steigen. Die Anzahl der Beschäftigten wird sich nahezu verdoppeln (2008: 860 000; 2020: 1,68 Millionen).

Natürlich schafft Technik noch keine saubere Umwelt. Seit der Mensch die Erde bewohnt, verbraucht er ihre Ressourcen. Es gibt kein Leben ohne Emissionen. Selbst das Internet schadet dem Klima. Stromverbrauch und der damit verbundene CO_2-Ausstoß entspricht dem des weltweiten Flugverkehrs. Ingenieure haben ihre Aufgabe schon immer darin gesehen, den Verbrauch von Ressourcen zu senken oder Abläufe zu optimieren. Regenerative Energien zum Beispiel werden erst durch Ingenieure nutzbar. Ob Turbinen für Windräder, Solarzellen oder Blockheizkraftwerke – Ingenieure sorgen für unsere Zukunft.

Alle großen Industrieunternehmen investieren heute in Umwelttechnik. Die ThyssenKrupp AG gibt jährlich 500 Millionen Euro für den Umweltschutz aus. Im Werk in Krefeld bauen Ingenieure eine Säureregenerationsanlage, um die Säuren, die in der Produktion verwendet werden, zurückzugewinnen und die Schadstoffe im Abwasser zu reduzieren. Beim Eisenguss in Waupaca/USA ist ein neues Ofensystem in Betrieb, bei dem die Abwärme des Schmelzvorgangs im Kupolofen aufgefangen und zum Heizen der Räume im Winter genutzt wird. Die Betriebskosten in der Gießerei wurden damit erheblich reduziert. In Dortmund dichten Techniker gegenwärtig die 37 Hektar große Oberfläche einer ehemaligen Deponie ab, um sie anschließend zu rekultivieren. Im Flugzeugbau verringern die von ThyssenKrupp entwickelten Titanlegierungen Gewicht und somit den Treibstoffverbrauch.

Deutschlandweit arbeiten rund 500 Biotechnologieunternehmen; sie beschäftigen knapp 14 500 Mitarbeiter und investieren jährlich etwa eine Milliarde Euro in Forschung und Entwicklung.

Eines der spannendsten Innovationsfelder ist die sogenannte Weiße Biotechnik. Enzyme machen die Wäsche sauber, Mikroorganismen stellen Medikamente her. Allein in einer Handvoll Erde wimmeln mindestens so viele Lebewesen, wie es Menschen auf der Erde gibt. Mikrobiologen können derzeit nur etwa 5000 bis 6000 Arten auseinanderhalten. Jedes einzelne Wesen erfüllt seine Funktion in der Erde, auf die es sich im Laufe der Evolution spezialisiert hat. Hier schlummern noch viele Baupläne der Natur. Ingenieure haben das Potenzial der Natur erkannt und entwickeln Techniken, um die lebenden Zellen als industrielle Helfer nutzbar zu machen und Produkte im großen Maßstab herzustellen. Die Weiße Biotechnik gilt nach der »Roten« (medizinischen) und »Grünen« (landwirtschaftlichen) als dritte Welle der Biotechnologie. Sie ersetzt herkömmliche chemische Produktionsverfahren und entlastet die Umwelt.

Insulin, ein Rohstoff, den Diabetiker dringend benötigen, kann durch Bakterien produziert werden. Auch Antibiotika, Impfstoffe, Proteine oder Vitamine lassen sich mittels mikroskopischer Helfer

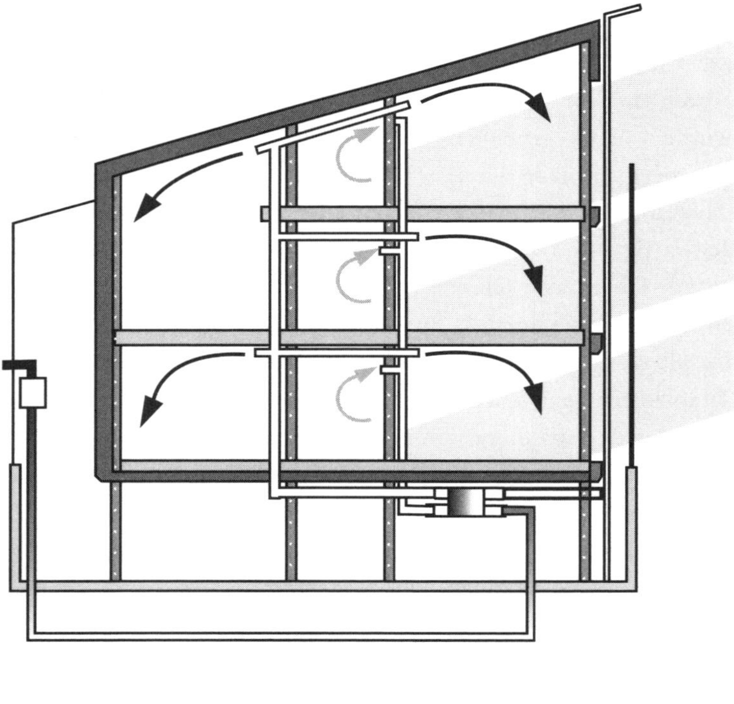

Das Passivhaus benötigt über 90 Prozent weniger Heizenergie als ein konventionelles Gebäude und kommt ohne separates Heiz- und Klimatisierungssystem aus.

in Industriemengen herstellen. Biotechnologen analysieren Vorgänge in Zellen und den Aufbau von Zellbestandteilen, reproduzieren sie und bauen sie für praktische Anwendungen um. Ingenieure verwenden Methoden der Molekular- und Biochemie, der Verfahrens- und Regelungstechnik und der Bioinformatik.

Seit jeher schauen Ingenieure viele Prozesse bei der Natur ab. Windparks beruhen auf dem Auftriebsprinzip, vergleichbar mit dem Flügelantrieb der Vögel, Solarkraftwerke auf dem der Pflanzen, die mit Hilfe der Sonnenenergie aus Nährstoffen organische Substanz aufbauen. Ingenieure reinigen Gewässer, stellen zerstörte Ökosysteme wieder her, recyclen Stoffe, beseitigen Abfälle, dekontaminieren Böden und erfassen Umweltschäden. Das Anlegen einer Mülldeponie in Arkenberge zählt ebenso zu ihren Aufgaben wie Wassermanagement in der südchinesischen Megastadt Guangzhou.

Fest steht: Die Lösung der Zukunftsprobleme, die von Gesellschaft und Politik gefordert werden, liegt am Ende vor allem in der Hand von Ingenieuren.

20

… weil Ingenieure weltweit eine Sprache sprechen

Ingenieure kennen keine Sprachbarrieren: Formeln, Zahlen und technische Zeichnungen sind global gültig.

Auf den Großbaustellen in Dubai, Shanghai oder Moskau tummeln sich Architekten, Techniker und Ingenieure aus aller Welt. Kaum ein Mega-Bauprojekt weltweit wird heute noch auf nationaler Ebene realisiert. Internationales Knowhow ist gefragt, die Projekte werden weltweit ausgeschrieben und im Team realisiert. Die Ansprüche an die Spezialisten sind hoch, die Bauten komplex. Doch wie gelingt es den Spezialisten, sich sicher miteinander zu verständigen? Ganz einfach: Ingenieure sprechen die gleiche Sprache. Sie beschreiben komplexe technisch-physikalische Zusammenhänge mit Hilfe der Mathematik. Deren Formeln sind international verständlich. Die Sprache des Ingenieurs aber ist die Zeichnung.

Hans Magnus Enzensberger kritisierte 1999 in einem Essay in der Frankfurter Allgemeinen Zeitung die Mathematiker. Sie meinten, ihr Zeichensystem sei »wunderbar deutlich und jeder natürlichen Sprache weit überlegen«, und machten sich daher nicht die Mühe, die Zahlen ins Deutsche oder Englische zu übersetzen. Warum auch? Formeln und technische Zeichnungen versteht man in jeder Sprache. Sie sind universell gültig und bilden wie die Noten in der Musik ein Notationssystem, das Ingenieure auf der ganzen Welt verstehen und das sie sprachlich vernetzt.

Das Projekt der China Central Television Headquarters, eines der größten und kompliziertesten Gebäude, die jemals gebaut wurden, zeigt, wohin sich die Arbeitswelt im 21. Jahrhundert entwickelt. Seit 2002 arbeitet um den deutschen Bauherrn Ole Scheeren ein Team aus 400 Architekten und Ingenieuren am Bau der neuen Zentrale des chinesischen Staatsfernsehens: Lichtplaner aus Tokio, Hochbauer aus Los Angeles, Schalltechniker aus Eindhoven, Rundfunktechniker aus London, Landschaftsgestalter aus Amsterdam.

Die weltweite Vereinigung der Ingenieurverbände verbindet nationale Organisationen aus 90 Ländern und vertritt über 15 Millionen Ingenieure.

Die Statik der 234 Meter hohen, L-förmig verbundenen Tower stellt ebenso besondere Anforderungen wie die Technologie, die ein Fernsehsender erfordert. Zudem befindet sich das Hochhaus in einem Erdbebengebiet. Mega-Projekte sind überhaupt nur möglich, weil Ingenieure in verschiedenen Erdteilen ohne Sprachbarrieren gleichzeitig die vielgestaltigen Probleme lösen.

Wieder einmal sind Ingenieure anderen Berufsgruppen weit voraus. Denn die globale Weltwirtschaft erfordert künftig in nahezu allen Bereichen internationale Zusammenarbeit.

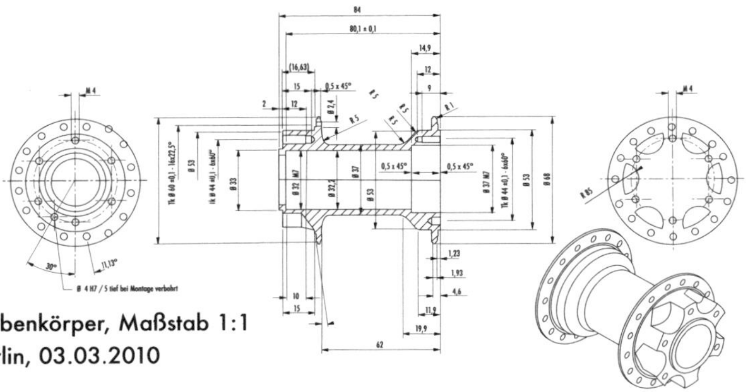

Nabenkörper, Maßstab 1:1
Berlin, 03.03.2010

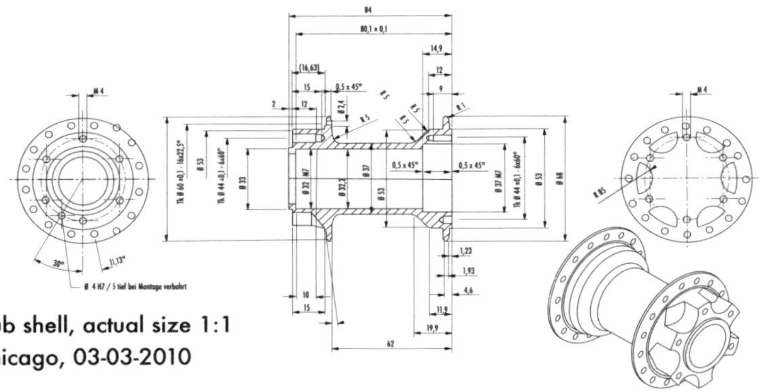

Hub shell, actual size 1:1
Chicago, 03-03-2010

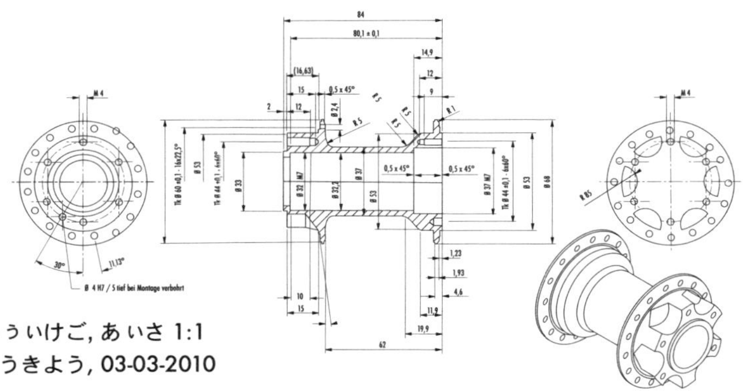

おぅいけご, あいさ 1:1
とうきよう, 03-03-2010

Technische Zeichnungen sind für Ingenieure global verständlich.

Ingenieure sind gegenüber Ärzten, Rechtsanwälten oder Historikern klar im Vorteil, denn sie sind nicht durch babylonisches Sprachengewirr geteilt, müssen keine fremde Fachsprache büffeln, um Baupläne oder Projektskizzen zu verstehen. Ingenieure bilden schon heute eine Global Community, eine Weltgesellschaft im Miniaturformat, in der die Grenzen zwischen Nationen und Sprachen aufgehoben sind.

21

... weil Ingenieure unser Ansehen im Ausland mehren

Siemens, VW, ThyssenKrupp – Ingenieuren verdankt Deutschland seinen guten Ruf. »German Engineering« wird weltweit geschätzt und respektiert.

»Im Himmel sind die Deutschen die Ingenieure, die Briten die Polizei, die Franzosen die Köche und die Italiener die Liebhaber. In der Hölle sind die Deutschen die Polizei, die Briten die Köche, die Italiener die Ingenieure und die Schweizer die Liebhaber.« Bei allen Vorurteilen birgt dieser Witz eine Wahrheit: Mögen die Deutschen auch nicht für ihren Charme berühmt sein, so genießen sie als Ingenieure doch internationalen Respekt. Pünktlichkeit, Akribie und Ernsthaftigkeit sind ja nicht per se negative Eigenschaften.

Das Land der Dichter und Denker hat vielleicht nur deswegen so viele bedeutende Wissenschaftler, Philosophen und Schriftsteller hervorgebracht, weil gründliches Denken etwas gilt hierzulande. Höchstes Ansehen genießt Deutschland im Ausland für die Klasse seiner Ingenieure. Sie sind die heimlichen Weltmeister unter den Technikern der Welt. Wer sich einen deutschen Ingenieur leistet, der erwartet exzellente Qualität. Technik ist das wichtigste Wirtschaftsgut unseres Landes und der deutsche Ingenieur sein Botschafter.

Deutsche Präzision, zum Beispiel Kameras von Zeiss, Präzisionsstahl von ThyssenKrupp oder Messgeräte von Bosch, genießt international hohes Ansehen. Ihren weltweiten Ruhm verdanken die deutschen Ingenieure aber zuallererst den Autokonstrukteuren. »German Engineering« ist im Englischen ein stehender Begriff und wird in den Vereinigten Staaten von Volkswagen als Werbebotschaft eingesetzt. »German Engineering is so sexy«, sagt dort Heidi Klum, ein anderer deutscher Exportschlager, im Werbefernsehen. Die amerikanischen Zuschauer wissen, was gemeint ist: Wer ein deutsches Auto kauft, erwirbt Qualität – ein Produkt, das wohldurchdacht ist, sorgfältig hergestellt wurde und aus guten Materialien besteht.

Nach Angaben des Industrieverbandes ZVEI hängen in Deutschland über 80 Prozent des Exports vom Einsatz elektrotechnischer und elektronischer Systeme ab.

Deutsche Autos sind das wichtigste Markenzeichen unseres Landes und die Basis des Wohlstandes. Die deutsche Automobilindustrie erwirtschaftete zuletzt fast 300 Milliarden Euro Umsatz im Jahr. Sie meldet zehn Patente pro Tag an, macht Deutschland zum Exportweltmeister und steckt mehr als 18 Milliarden Euro in Forschung und Entwicklung.

Über 750 000 Menschen arbeiten in der deutschen Automobilwirtschaft. Die Marken Porsche, BMW und Mercedes haben überall auf der Welt einen magischen Klang, in Afrika genauso wie in Europa, Asien und Amerika.

Ähnlich erfolgreich ist der deutsche Maschinenbau. 130 Milliarden Euro setzt diese von Ingenieurskunst getriebene Branche im Jahr um. 900 000 Menschen arbeiten in der Investitionsgüterindustrie, in mehr als 6600 Betrieben. Der deutsche Mittelstand, nicht globale Konzerne, dominiert den Weltmarkt in diesem Geschäft. Deutsche Maschinen sind so erfolgreich in aller Welt, weil sie zuverlässig funktionieren. Gute Ingenieure machen eben gute Arbeit.

Eine relativ junge Branche beschäftigt inzwischen sogar mehr Menschen als Maschinenbau und Automobilindustrie: Die Umwelttechnologie zählt derzeit 1,8 Millionen Beschäftigte. Mit einem

Die ThyssenKrupp AG ist einer der bedeutendsten weltweit tätigen Stahlproduzenten.

Weltmarktanteil zwischen 6 und 30 Prozent ist Deutschland Spitze in einer der entscheidenden Zukunftsbranchen der globalen Wirtschaft.

Die Liste deutschen Ingenieurserfolgs lässt sich beliebig fortsetzen, mit den Druckmaschinen zum Beispiel. Die drei wichtigsten Hersteller dieses Milliardenmarktes – Heidelberger Druck, MAN-Roland und Koenig & Bauer – kommen aus Deutschland. Oder mit heimlichen Erfolgsbranchen wie der Kreativwirtschaft mit ihren 238 000 Unternehmen und knapp einer Million Erwerbstätigen. Und natürlich mit Weltmarken, die mit ihren Namen für deutsche Qualität stehen: Montblanc-Füller, Rimowa-Koffer, Haushaltsgeräte von Braun, Miele und Siemens. Design und Funktion sind Deutschlands wichtigste Exportartikel.

22

… weil Ingenieure den Mythos Formel 1 mitbegründet haben

Ingenieure haben den Hochleistungs-Motorsport zu dem gemacht, was er ist: ein Traum von Perfektion, Kontrolle, Pferdestärken und Design, der weltweit begeistert.

Die Formel 1 ist der beeindruckendste, schnellste und kostspieligste Wanderzirkus der Welt. Jährlich faszinieren die schnellen Rennwagen insgesamt an die drei Milliarden Zuschauer an den Strecken und vor den Fernsehern. Der Grand Prix bietet all das, was ein moderner Mythos braucht: Helden, Tragödien, Glamour und Geld. Doch was wären die Formel 1 und ihre Weltklassefahrer ohne die schnellen Autos, die Ingenieure konstruieren?

Ingenieure haben den mechanischen Gaszug durch das elektronische Pedal ersetzt, die Fahrzeuge mit der Bremsenergie-Rückgewinnung KERS ausgestattet. Das Cockpit ist zur elektronischen

Leitzentrale geworden. Wippen hinter dem Lenkrad schalten bei leichtem Antippen das Getriebe, die Kupplung wird nur noch beim Anfahren bedient. Die Formel 1 ist die technologische Spitze des Motorsports und des Automobilbaus überhaupt, Ingenieure sind ihre heimlichen Stars und Strippenzieher. Sie stehen nicht im Rampenlicht, aber ein Blick in die Boxengasse lässt erahnen, welche technischen Meisterleistungen hinter dem Können der Fahrer stecken. Wo die Industrie der Schnelligkeit hinkommt, entsteht Innovation. Den Erfindungen der Ingenieure sind dabei kaum Grenzen gesetzt, allein Budgets und das Regelwerk der FIA beschränken sie.

Michael Schumacher, Gewinner von sieben Weltmeisterschaften, fuhr im Jahr 2001 auch deshalb der Konkurrenz davon, weil sein Ferrari F2001 mehr Anpressdruck produzierte als die anderen Wagen. Verantwortlich dafür zeichnete Technikchef Ross Brawn, der aus Hunderten von Computersimulationen etwa 50 Windkanalmodelle für den Frontflügel auswählte. Der britische Ingenieur war bis Ende 2009 an insgesamt 115 Grand-Prix-Siegen beteiligt und gewann mehrmals die Konstrukteursweltmeisterschaften, die seit 1958 ausgetragen werden.

»Ich glaube, dass das Auto heute das genaue Äquivalent der großen gotischen Kathedralen ist.«
Roland Barthes, französischer Philosoph

Im harten Kampf um Hundertstelsekunden ist die bessere Technik das Zünglein an der Waage. Nur der Ingenieur, der den optimalen Kompromiss zwischen maximalem Abtrieb und minimalem Luftwiderstand findet, fährt an der Spitze mit. Wie der Wagen am Boden haftet, hängt nach Einschätzung von Experten zu 80 Prozent von der Aerodynamik und nur zu 20 Prozent von den Reifen ab. Als einer der Pioniere gilt Colin Chapman, Konstrukteur und ausgebildeter Luftfahrttechniker, dessen Maschine Lotus mit zahlreichen Innovationen im Rennwagenbau immer wieder neue Maßstäbe setzte. Er gestaltete den Auto-Unterbau erstmals als Flügelprofil und begründete damit den sogenannten »ground effect«. Das Prinzip ist das des Flugzeugs: Die Luft unter dem Auto strömt schneller als die auf der Oberseite. So entsteht ein Vakuum, das den Wagen an die Strecke saugt.

Auch die Antriebsmaschinen können sich sehen lassen: Ein Formel-1-Motor kostet bis zu 300 000 Euro und besteht aus 6000 Einzelteilen. Die stärksten leisten über 800 PS mit einem maximalen Hubraum von drei Litern. Sie erlauben eine Beschleunigung von null auf hundert Kilometer pro Stunde in 2,5 Sekunden. Die Wagen erreichen Spitzengeschwindigkeiten von bis zu 370 Kilometern pro Stunde.

Bei jedem Rennen stehen bis zu 20 Ingenieure pro Team an der Strecke. Sie analysieren permanent die elektronischen Daten des Wagens und suchen bei Problemen nach schnellen Lösungen. Die Techniker arbeiten hart am Limit, leben monatelang aus dem Koffer. Aber sie werden belohnt, mit dem Reiz des Neuen, dem Designen der PS-starken Wagen, dem Testen, dem Erfolg. Als begeisterte Ingenieure können sie in der Motorsport-Königsklasse ihre Visionen in die Realität umsetzen.

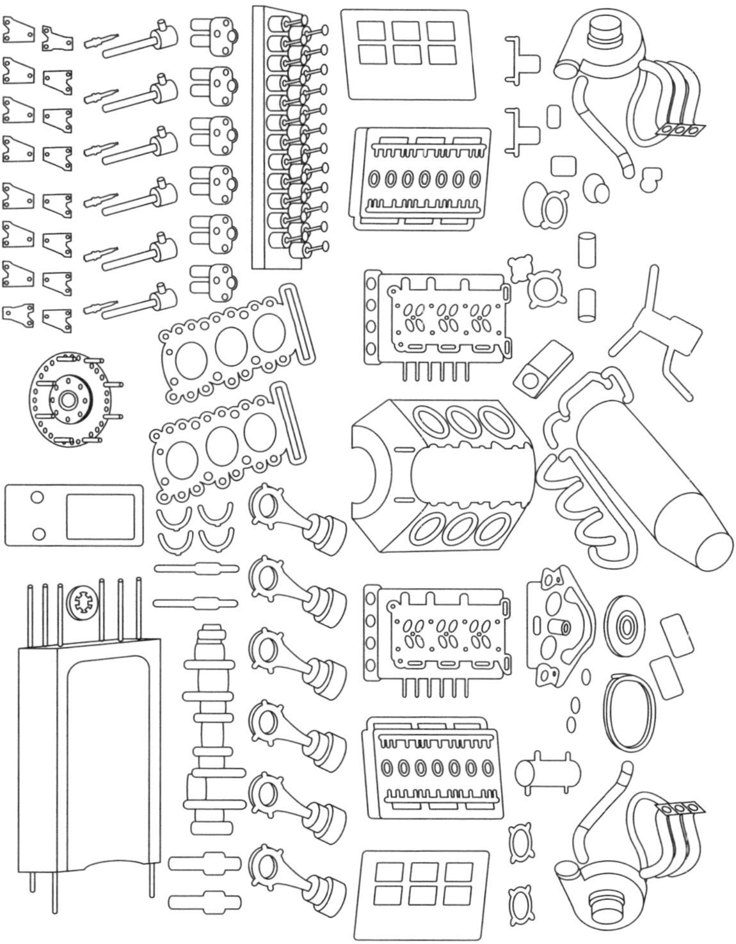

Der V6-Motor von Honda RA168E trieb den Formel-1-Rennwagen McLaren MP4/4 an. Mit dem von Steve Nichols entwickelten Auto gewannen Alain Prost und Ayrton Senna 15 der 16 Saisonrennen und fuhren 15 Pole-Positions sowie zehn schnellste Rennrunden ein.

23

... weil Ingenieure in vielen Berufsfeldern zu Hause sind

Es gibt kaum einen Beruf, der so vielseitig ist: Je differenzierter unser Wissen über die Welt, umso vielfältiger die Tätigkeitsfelder, in denen Ingenieure zum Einsatz kommen.

In Deutschland arbeiten rund 60 Prozent der Ingenieure im produzierenden Gewerbe, etwa jeder fünfte im Fahrzeug- oder Maschinenbau. Die anderen 40 Prozent sind im Bereich der Dienstleistungen beschäftigt. Die Einsatzmöglichkeiten sind kaum überschaubar.

Die bekanntesten Fachrichtungen sind Bauingenieurwesen, Elektrotechnik, Maschinenbau, Wirtschaftsingenieurwesen und Verfahrenstechnik. Aber es gibt noch zahlreiche weitere Spezialisierungen: von Abfallwirtschaft über Biotechnologie, Flugzeugbau und Kerntechnik bis hin zu Kybernetik, Mikrosystemtechnik, Stadtplanung und Weinbau. Ingenieure erstellen Gutachten, arbeiten im Vertrieb, Marketing oder Controlling. Selbst im Management sind Ingenieure häufig zu finden. Das liegt zum einen daran, dass sie technische Experten sind und ein Personal- bzw. Strategieteam gut ergänzen. Zum anderen sind Ingenieure ausgezeichnete Projektmanager, weil sie strukturiert und lösungsorientiert arbeiten.

Ingenieure sind in Forschung und Entwicklung gefragt oder als wissenschaftliche Lehrer. Als technische Einkäufer beschaffen sie die Konstruktionsmaterialien, als Vertriebsingenieure sorgen sie dafür, dass die Produkte auch abgesetzt werden. Als Planungsingenieure schreiben sie Projekte aus und planen den Bau zum Beispiel von Verkehrsanlagen oder Eisenbahnstrecken. Als Logistiker steuern sie den Weg eines Produkts vom Lieferanten über den Produzenten bis zum Verbraucher. Dabei sind prozessorientiertes, analytisches und konzeptionelles Denkvermögen gefragt.

Die Internetseite www.think-ing.de stellt Berufsfelder für Ingenieure vor.

Eine Umfrage der Deutschen Gesellschaft für Qualität in Frankfurt hat ergeben, dass ein Drittel der 353 befragten Führungskräfte der oberen Unternehmensebenen Kundenzufriedenheit und -bindung als wichtigste Kriterien für ihren Unternehmenserfolg beurteilen, ein Viertel die Qualität der Produkte und Dienstleistungen. Ingenieure definieren die Qualitätsstandards und prüfen, ob sie eingehalten werden. Sie beraten, informieren, prüfen und schulen. Dabei sind sie immer auf der Suche nach technischen Mängeln und Funktionsstörungen, aber auch nach Abläufen, die zwar funktionieren, aber verbessert werden können. Qualitätsingenieure arbeiten hauptsächlich in Industrieunternehmen, die technische Geräte und Anlagen herstellen, oder bei Dienstleistern.

Serviceingenieure betreuen Kunden, vor allem in Firmen, die Großmaschinen oder elektromechanische Anlagen herstellen. Ihre Arbeit beginnt bereits bei der Vorabnahme der Maschine im Unternehmen. Anschließend überwacht der Ingenieur für Service die Installation und die Inbetriebnahme der Anlage vor Ort. Für den Kunden ist er das Gesicht der Firma, daher muss er nicht nur technisch fit sein, sondern auch sozial kompetent.

Der Produktmanagement-Ingenieur plant, steuert und begleitet Produktentwicklungen von der Idee bis zu dem Tag, an dem das Gerät im Kaufhausregal steht. Seine Hauptaufgabe ist, die beteiligten Firmenabteilungen zu koordinieren. Er ist dafür verantwortlich, dass sie die Strategie, die sein Unternehmen für das Produkt oder die Serie entworfen hat, umsetzen. Dazu benötigt er nicht nur strategisches Geschick, sondern auch Kompetenzen im Marketingbereich.

Bevorzugter zukünftiger Tätigkeitsbereich von Studierenden der Ingenieurswissenschaften

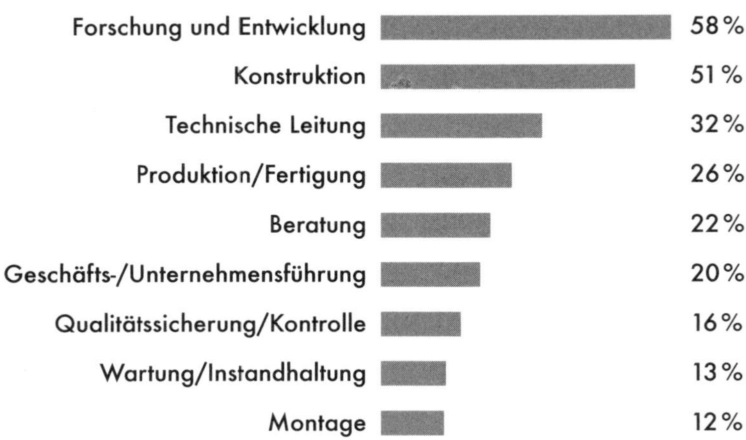

Quelle: VDI Ingenieurstudie Deutschland, 2005

24

… weil Ingenieure uns durch eine noch unbekannte Welt lotsen

Was vor vier Jahrzehnten eine unglaubliche Vision war, ist aus unserem Leben heute nicht mehr wegzudenken: das Internet.

Informatikprofessor Leonard Kleinrock tippt ein »L« in den schrankgroßen Rechner seines Labors in Los Angeles. Dann greift er zum Telefonhörer, ruft die Kollegen im 500 Kilometer entfernten Stanford an, um zu erfahren, ob das »L« übertragen wurde. Es hat funktioniert. Auch wenn nach drei Buchstaben der Rechner abstürzte, war es an jenem denkwürdigen 29. Oktober 1969 erstmals gelungen, Computer miteinander zu vernetzen. Kleinrock und sein Team schufen die Grundlage für das Internet. In den 1970er und 80er Jahren bauten Ingenieure die heutige Architektur des Internets. Bis vor 20 Jahren war es ein kompliziert zu bedienendes Kommunikationsmedium für eine kleine Gruppe von Wissenschaftlern und Militärs. Erst der britische Informatiker Tim Berners-Lee machte es zu dem, was es heute ist: ein Massenmedium. Berners-Lee erfand das World Wide Web – eine Revolution, die vergleichbar ist mit der Erfindung des Buchdrucks. Am europäischen Kernforschungszentrum CERN in Genf entwickelte er 1989 die technischen Standards des Hypertext-Systems WWW und programmierte im darauffolgenden Jahr auf einem Unix-Rechner einen Webbrowser und einen Webserver. Waren zunächst noch Unix-Kenntnisse und Zeilenkommandos notwendig, öffnete der erste grafikfähige Browser »Mosaic« 1993 das Internet auch für Laien.

Das Internet ist eine der wichtigsten Infrastrukturen unserer Gesellschaft geworden. Das World Wide Web umfasst mehr als 300 Millionen Domains. Google zählt mehr als eine Billion Internetseiten, und täglich kommen Zehntausende hinzu. Jeden Tag werden 20 000 neue Domains registriert. Mehrere Milliarden E-Mails werden Tag für Tag verschickt. Das soziale Netzwerk Facebook hat an seinem sechsten Geburtstag mehr als 400 Millionen registrierte User. Wäre es ein Land, wäre es das drittgrößte der Welt, nach China und Indien. Eines von acht Paaren, die in den USA heiraten, hat sich online kennengelernt. Es ist selbstverständlich geworden, im Netz zu surfen, Videos anzusehen, E-Mails zu verschicken, zu twittern und zu telefonieren.

Die Zahl der internetfähigen Geräte ist von 1000 im Jahr 1984 auf mehr als eine Milliarde 2008 angewachsen.

Das japanische Telekommunikationsunternehmen NTT hat erfolgreich ein Fiber-Optikkabel getestet, das 14 Trillionen Bits pro Sekunde durch einen einzelnen Strang leitet. Diese Datenmenge entspricht 2660 CDs oder 210 Millionen Telefonanrufen in jeder Sekunde. Alle sechs Monate verdreifacht sich die weltweite Datenmenge. Neueste Erfindung der japanischen Ingenieure: eine Technik, die den menschlichen Körper zur Datenübertragung nutzt und Bluetooth und Wireless LAN ergänzen soll. Das Human Area Network RedTacton nutzt die Leitfähigkeit des menschlichen Körpers zum Austausch von Informationen zwischen elektronischen Geräten. Datenaustausch über die Haut, per Handschlag oder Berührung klingt abenteuerlich, wird aber bereits getestet. Damit würden Ingenieure wieder eine neue Tür aufstoßen zu einer Welt, von der wir noch keine Vorstellung haben, wie sie aussehen könnte.

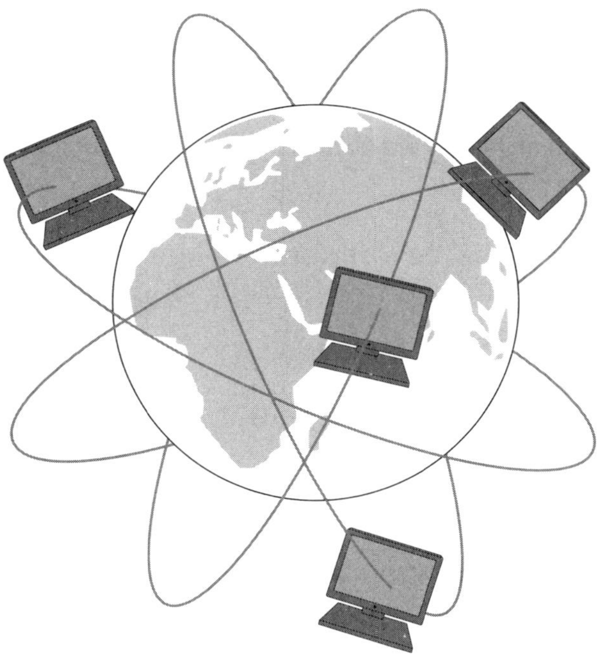

Das Internet ist eine offene und dezentrale Kommunikationsstruktur. Niemand kann das Netz abschalten.

25

… weil Ingenieure bei den Mächtigen der Welt hohes Ansehen genießen

Seit der Antike bewundern Könige und Staatsherren Ingenieure, die beraten, begutachten und bauen.

»Die letzte Stimme, die man hört, bevor die Welt explodiert, ist die eines Experten, der sagt: Das ist technisch unmöglich.« Das Bonmot wird Sir Peter Ustinov zugeschrieben. Und es zeugt von großer Lebenserfahrung. Denn auch in dieser Ironie steckt ein wahrer Kern. Ingenieure nehmen sich wichtig. Und meistens sind sie es auch. Sie sichern die Zukunft, sind die Garanten des Fortschritts. Ingenieure genießen, das klingt beim liebenswert-bissigen Grandseigneur durch, als Experten höchste Anerkennung. Und das war schon immer so.

Bereits in der Antike galten Ingenieure als Popstars. Sie wurden als Helden mit außerordentlichen Fähigkeiten verehrt. Adlige Krieger und Könige waren nicht nur von den Fertigkeiten der Techniker abhängig, sondern oft deren größte Bewunderer. Die berühmtesten Epen des Altertums, »Odyssee« und »Ilias«, würdigen ausführlich Meisterleistungen der Ingenieurskunst. Homer berichtet ausführlich vom technischen Geschick des Odysseus, der sich und seine Mannen mit Hilfe einer selbstgebauten Waffe aus der Höhle der Kyklopen befreit. Die Griechen errichten eine Mauer vor Troja, um ihr Lager zu schützen, schließlich bauen sie das hölzerne Pferd, in dessen Bauch die Soldaten sich verstecken. Der Dichter weist auf Dreifüße mit Rädern hin, die sich von selbst bewegen, und berichtet, wie schwierige Situationen nur durch technisches Geschick bewältigt werden können. Wer im alten Griechenland Konstrukteur, Baumeister oder Architekt war, dem standen alle Türen offen.

Die Ingenieurkammern der 16 Bundesländer stellen qualifizierte Ingenieure für öffentliche Aufgaben bereit, beraten Behörden und Gerichte mit Gutachten und Stellungnahmen.

Der Berufsstand der Tüftler wurde zu allen Zeiten von den Herrschern umgarnt, hatte exklusiven Zugang zur Macht und wurde bei wichtigen Entscheidungen um Rat gefragt. Unter den Territorialherren des 16. Jahrhunderts erlangten sie besondere Bedeutung, denn die Fürsten sicherten ihr Terrain, indem sie komplexe Infrastrukturen und große Bauten wie Festungen, Brücken, Wege und Kanäle errichten ließen. Dabei konkurrierten sie untereinander um die fähigsten technischen Köpfe. Die Frühe Neuzeit eröffnete den Ingenieuren an den Höfen große Karrieren. Das Wachsen der Städte brachte gewaltige Aufgaben mit sich. Neben den Plänen für Schulen, Rathäuser, Privatbauten waren technische Fachleute gefragt, die kreativ denken, kalkulieren und verwalten konnten. Ein solcher Fachmann war Heinrich Schickhardt, Landesbaumeister der württembergischen Herzöge im 16. und 17. Jahrhundert. Schickhardt leitete eine Vielzahl von Bauprojekten, ob Mühlen oder Salinen. Den Bau von Freudenstadt 1599 betreute er vom ersten Entwurf über die Kostenplanung bis zur Beschäftigung der Handwerker. Am herzoglichen Hof brachte Schickardt es auf ein beträchtliches Vermögen, einschließlich Grundbesitz.

Ingenieuren wurden immer wieder besondere Ehren zuteil: James Watt, dem Erfinder der Dampfmaschine zum Beispiel. Als er am 19. August 1819 in Heathfield starb, setzte man ihn in der Westminster-Abtei bei – der königlichen Grablege. Watt fand seine letzte Ruhe neben sämtlichen englischen Königen, die seit dem 11. Jahrhundert das Land regierten. Die Anerkennung galt umso mehr, als zu Watts Lebzeiten die Idee einer Eisenbahn in weiten Fachkreisen als unrealisierbar galt.

Fand man in früheren Jahrhunderten immer wieder Ingenieure im Umfeld von Königen und Herrschern, so suchen auch heute die Machthaber die Nähe der Fachleute. Bundeskanzlerin Angela Merkel hat gleich eine ganze Riege von Ingenieuren um sich geschart, die sie mit viel Sachverstand in Zukunftsthemen beraten. Im Jahr 2007 etwa richtete sie die Expertenkommission Forschung und Innovation ein und berief den diplomierten Ingenieur Dietmar Harhoff, Professor an der Ludwig-Maximilians-Universität in München, an die Spitze. Harhoff begutachtet zusammen mit seinen Kollegen für die Bundesregierung die Wissenschaftslandschaft Deutschland, analysiert Strukturen, Probleme und Perspektiven, ermittelt Trends und Handlungsoptionen. Zentrale Aufgabe des Sachverständigenrats ist es, die nationale Forschungs- und Innovationspolitik zu optimieren. Auch Angela Merkels oberster Innovationsberater Joachim Milberg ist diplomierter Fertigungstechniker. Die Bescheidenheit verbietet, weitere Ingenieure in Beratungsgremien der Kanzlerin aufzuzählen.

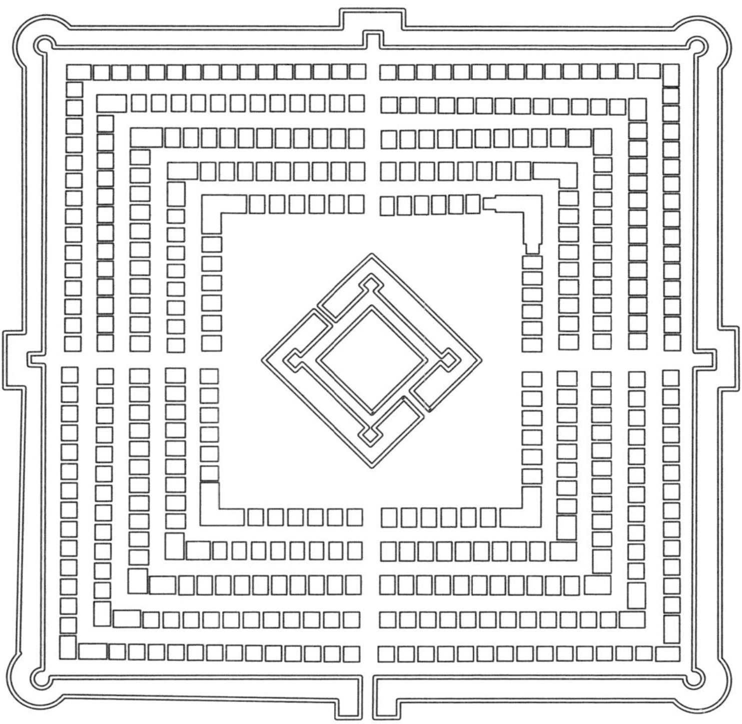

Heinrich Schickhardts Plan für Freudenstadt im Schwarzwald aus dem Jahr 1599.

26

... weil Ingenieure Popstars sind

Ohne die Erfindungen von Ingenieuren wie Stefan Ladage, Karlheinz Brandenburg oder Bob Moog würde die Welt heute ganz anders klingen.

Jeder kennt die Situation: Ein Anruf bei der Auskunft, in der Kundenabteilung oder beim Amt – und man hängt minutenlang in der Warteschleife. Früher hörte man ein Tuten, heute dringt dem Anrufer Musik ins Ohr. Die Klänge beruhigen, beschwingen, und manchmal nerven sie auch. Untersuchungen haben allerdings ergeben, dass Kunden deutlich seltener auflegen, wenn sie mit Musik unterhalten werden. Die Warteschleife dient als Visitenkarte und Durchhaltehilfe zugleich.

Es war ein Ingenieur, der die Warteschleifenmusik revolutioniert und berühmt gemacht hat: Stefan Ladage, Diplom-Audioingenieur, träumte von einer Karriere als Dance-Musiker und wollte international berühmt werden. 1997 bekam er einen ungewöhnlichen Auftrag. Der Bielefelder sollte die erste individuelle Telefonwarteschleife komponieren. Dudelten früher Beethovens »Für Elise«, Mozarts »Türkischer Marsch« oder Rod Stewarts »Sailing« aus allen Telefonhörern, entwickelte Ladage als Erster individuelle Musik für Unternehmen. Er hat Hochregalsysteme und Carbonitfilter ebenso besungen wie gefrostetes Gemüse und Versicherungen: Ladage gilt als Popstar der Pausentöne.

Der Toningenieur hat einen soliden musikalischen Hintergrund. Als 20-Jähriger belegte er bei den Deutschen Meisterschaften im Orgelspielen den dritten Platz. Das nötige technische Knowhow besorgte Ladage sich im Studium. Inzwischen hat er es sogar in die Charts eines Radiosenders geschafft – mit einem Song für eine deutsche Fluglinie.

Es war ebenfalls ein deutscher Ingenieur, der eine der wichtigsten Musikinnovationen der letzten Jahre entwickelt hat: das MP3-Format. Karlheinz Brandenburg nutzte 1994 den Standard »MPEG 1 Audio Layer 3«, kurz MP3, erstmals auf einem PC. Suzanne Vegas Hit »Tom's Diner« wurde als erster Song mit der neuen Technik abgespeichert. Mehrere Stunden brauchte Brandenburg damals, um das zwei Minuten lange Lied vom WAV- ins MP3-Format zu komprimieren. Das Lied klang danach zwar ziemlich kratzig. Aber der weltweite Siegeszug der neuen Technologie war nicht mehr aufzuhalten. Heute läuft der Prozess sekundenschnell ab.

Wann immer eine neue Hit-Single im Studio aufgenommen wird oder eine Band die Konzerthalle rockt, schiebt ein Toningenieur die Regler am Mischpult.

Inzwischen nutzen Millionen Musikfans das MP3-Format, bespielen streichholzschachtelgroße Geräte mit Zausenden Titeln oder laden Musik aus dem Internet. Karlheinz Brandenburg avancierte zum Popstar unter den Forschern. Der Direktor des Instituts für Medientechnik an der TU Ilmenau und Leiter des Fraunhofer-Instituts für Digitale Medientechnologie arbeitet zurzeit an einer Software, die Musiktitel erkennt, wenn ihr jemand eine Melodie vorsummt, und an einer Musikempfehlungsmaschine, die dem User zu seinem Lieblingstitel ähnliche Stücke vorschlägt.

Der Hobbymusiker, der selbst gerne singt und als Jugendlicher beim Talentwettbewerb »Jugend musiziert« in einem Blockflötenquartett antrat, träumt von einer intelligenten Stereoanlage. 2003 reiste der Ingenieur sogar zu Michael Jackson, besuchte ihn auf der Neverland Ranch, um ihm sein Rundum-Klangsystem Iosono vorzustellen. Der King of Pop war begeistert und wollte das Soundsystem auf seiner Welttournee einsetzen.

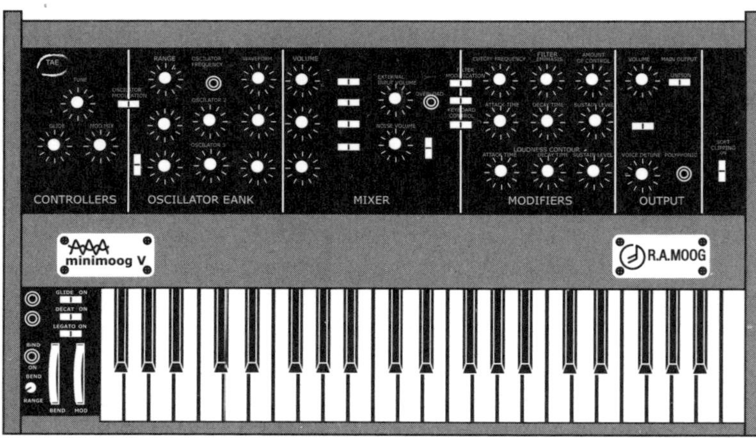

Der legendäre Minimoog ist ein analoger monophoner Synthesizer. Als er 1971 auf den Markt kam, kostete er stolze 4875 Mark.

Innovation in der Musik ist eine Domäne deutscher Ingenieure. Das Fraunhofer-Institut in Erlangen hat in den letzten Jahren das MP3-Format weiterentwickelt: MP3-Surround ermöglicht Multikanalton.

Doch Ingenieure entwickeln nicht nur, sie sind auch Gegenstand der Popmusik, etwa in David Bowies »Space Oddity«, inspiriert von Stanley Kubricks Film »2001: Odyssee im Weltraum«, in dem der Astronaut Major Tom ins All aufbricht. Tom schwebt in seiner Kapsel, bis der Kontakt zur Erde abbricht. Oder die deutsche Band Kraftwerk, Pioniere der Elektronikmusik, die »Roboter«, »Neonlicht« oder »Autobahn« besangen und ausschließlich elektronische Instrumente verwendeten.

Ingenieurskunst inspiriert Musiker zu Songs, und Musik inspiriert Ingenieure, neue Instrumente zu erfinden. Bob Moog ist einer der berühmtesten von ihnen. Er hatte Elektrotechnik an der Columbia University studiert, bevor er in den fünfziger Jahren den ersten kommerziell erfolgreichen elektronischen Synthesizer baute, nebst dazugehörigem Keyboard. Die Beatles, die Byrds, die Rolling Stones, die Doors – all die Bands, die in den sechziger und siebziger Jahren Rang und Namen hatten, spielten mit »The Moog« extravagante Sounds ein. Moog tauschte sich rege mit den Musikern aus, fragte sie um Rat, wenn er seine Instrumente verbessern wollte. Der US-amerikanische Ingenieur verstand sich dabei immer als Techniker, war stolz auf seinen Beruf. Trotzdem wurde er zum Star. Ohne die Sounds des Ingenieurs hätte die Welt heute einen anderen Klang.

27

... weil Ingenieure Gutes tun

Sie engagieren sich im heimatlichen Seniorenheim oder im brasilianischen Urwald, in Sport, Kultur und Forschung – manchmal laut, meist leise, aber immer großzügig.

Ingenieure tun Gutes, auch wenn sie nicht ständig darüber reden. Ob der Pensionär, der im Seniorenheim ehrenamtlich kaputte Radios repariert oder das Technologie-Unternehmen, das den örtlichen Handballverein unterstützt – Ingenieure haben ein großes Herz, sind hilfsbereite Zeitgenossen und großzügige Spender. Einige geben im kleinen, andere aber auch im großen Stil.

Abramowitsch aus Baden-Württemberg – diesen Vergleich mit dem russischen Erdöl-Milliardär hört der SAP-Gründer Dietmar Hopp nicht gern. Und doch ist er Deutschlands einziger Unternehmer mit eigenem Fußballverein. Der bekennende Fußballfan hat seinen Heimatklub TSG 1899 Hoffenheim vom Provinz- zum Erstligaverein aufgebaut und schenkte seiner Mannschaft obendrein

ein Stadion. Hopp setzt dabei nicht nur auf Millionen-Stars, sondern fördert zuerst den Nachwuchs. Für viele Millionen Euro ließ er Leistungszentren bauen, A- und B-Jugend spielen in den höchsten Klassen. Das ist die zweite Erfolgsgeschichte seiner Karriere. Die erste: Anfang der siebziger Jahre verließ der Diplom-Ingenieur IBM, um mit vier Kollegen »Systemanalyse Programmentwicklung« (SAP) zu gründen. Firmensitz war ein Lagerraum. Heute ist SAP eines der erfolgreichsten deutschen Unternehmen.

Mitgründer Hasso Plattner engagiert sich inzwischen großzügig für Lehre und Forschung. 1999 stiftete er in Potsdam das »Hasso-Plattner-Institut für Softwaresystemtechnik« – Deutschlands erstes und einziges Uni-Institut, das vollständig privat finanziert wird. Mit dem Institut fördert der studierte Nachrichtentechniker und ehemalige SAP-Vorstandsvorsitzende junge IT-Talente. Plattners privater finanzieller Aufwand in Höhe von 200 Millionen Euro bedeutet die höchste Summe, die je für eine deutsche Universität geleistet wurde.

Neun Ingenieure und ein Volkswirt gründeten 2003 die Hilfsorganisation »Ingenieure ohne Grenzen e.V.«, die weltweit ingenieurtechnische Hilfe leistet.

Solche Public-Private-Partnerships, in denen sich öffentliche Hand und Privatwirtschaft zusammenschließen, sind in den USA weit verbreitet. In Deutschland dagegen verharren solche Modelle noch in den Anfängen. Für die Universitätsforschung wird es aber hierzulande angesichts klammer öffentlicher Kassen immer wichtiger, das Engagement privater Förderer zu nutzen. Die wissensbasierte Industrie ist mehr denn je auf die Forschung angewiesen, wenn sie im internationalen Wettbewerb Schritt halten will. Private Stifter können dabei flexibler als der Staat auf neue Entwicklungen reagieren und Impulse setzen.

Ohne das Engagement der Unternehmen wären auch Kultur- und Sportveranstaltungen nicht möglich. ThyssenKrupp fördert einen der größten Marathonläufe der Region, den Rhein-Ruhr-Marathon Duisburg, der 1981 zum ersten Mal gestartet wurde. Der Konzern ist Mitglied beim Freundeskreis Deutsche Oper am Rhein und unterstützt sowohl die Duisburger Philharmoniker als auch die Philharmonie in Essen, das Klavier-Festival Ruhr, das Folkwang Museum in Essen sowie das Lehmbruck Museum in Duisburg. Kultursponsoring ist nicht nur nützlich, um die öffentlichen Kassen zu entlassen, sondern erhält auch ein gesundes Betriebsklima.

Ingenieure fördern jedoch nicht nur Sport, Wissenschaft und Kultur, sondern engagieren sich auch ehrenamtlich in der Entwicklungshilfe. Nach dem Vorbild der Ärzte haben sie sich im Verein »Ingenieure ohne Grenzen« zusammengeschlossen und realisieren etwa im nordostbrasilianischen Bundesstaat Piauí einen solar betriebenen Tiefwasserbrunnen, der ganztägig Grundwasser för-

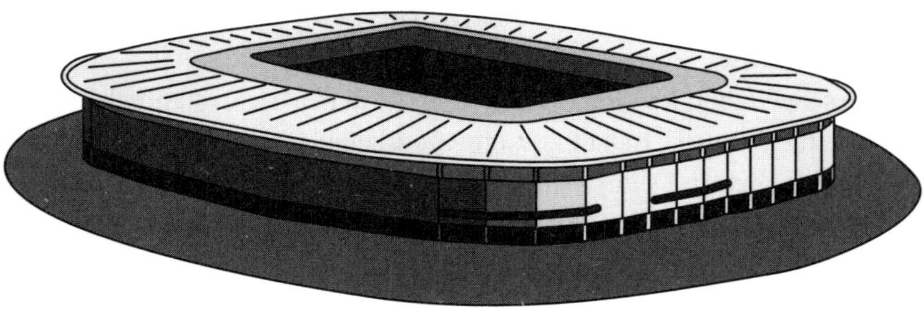

Das Dietmar-Hopp-Stadion wurde 1999 mit einem Spiel gegen Rekordmeister Bayern München eingeweiht.

dert. In El Salvador bauen sie eine Biogasanlage zur Versorgung der örtlichen Käserei, um das bisher teuer zugekaufte Propangas zu ersetzen. Im Hochland Nord-Äthiopiens haben sie einen Grundwasserstaudamm fertiggestellt, durch den die Dörfer nun über mehr Wasser verfügen. Studenten der Ingenieurswissenschaften und ausgebildete Ingenieure unterstützen den Verein ehrenamtlich in Regionalgruppen und Arbeitskreisen von Jena bis Bielefeld, von Stuttgart bis Hamburg.

Forschergeist ist nicht nur in Industrieländern gefragt, sondern ebenso in der Entwicklungshilfe.

28

... weil Ingenieure Multitalente sind

Mathematik, Physik, Werkstoffkunde, Informatik, Medizin, BWL oder Elektronik – Ingenieure sind in vielen Fächern fit.

Große Ingenieure sind oft herausragende Spezialisten und Multitalente zugleich. Otto Lilienthal hat im Laufe seines Lebens 23 Patente angemeldet, davon aber nur vier in der Luftfahrt. Seine Verdienste im Flugzeugbau sind unbestritten: Er legte die Grundlagen zu Technologie und Praxis des Fliegens. Als Lilienthal 1895 zu seinen ersten größeren Gleitflügen mit dem selbstgebauten Hängegleiter aufbrach, war er bereits einige Jahre Fabrikbesitzer. 1883 hatte er eine Dampfkessel- und Maschinenproduktion in Berlin gegründet, die im Laufe der Jahre zu einem ansehnlichen Unternehmen mit 60 Mitarbeitern anwuchs. Im eigenen Betrieb stellte er den Normalsegelapparat her, der bald in Serie ging, aber auch Schlangenrohrkessel, die er patentieren ließ.

Lilienthal baute nicht nur Fluggeräte und Heizungssysteme, er erfand auch eine Schrämmmaschine für den Bergbau, ein Dampfstrahlrad (1889), einen Rechenapparat (1888) und einen Zirkel für Metallarbeiter (1878).

Bis ins 19. Jahrhundert war jeder Ingenieur ein Universalgelehrter. Johann Andreas Schubert aus Dresden, einer der letzten großen Polytechniker, war in über 14 Fächern zu Hause und zugleich Lehrer, Ingenieur, Erfinder, Unternehmer, Freimaurer und Gutachter. Schubert baute Deutschlands erste Dampflokomotive »Saxonia« (1838), die international Aufsehen erregte, und die Göltzschtalbrücke (1845). Die größte Ziegelsteinbrücke der Welt ist bis heute ein historisches Wahrzeichen der Ingenieurbaukunst in Deutschland. Als Hochschullehrer unterrichtete Schubert in Dresden so unterschiedliche Fächer wie Maschinenbau, Eisenbahnbau, Mechanik, Baulehre und Mathematik.

Ingenieursschulen hießen im 19. Jahrhundert Polytechnikum (poly: griech. viel, mehr). Eine der ältesten ist die TU Dresden, gegründet 1828.

Im 20. Jahrhundert differenzierten sich die ingenieurtechnischen Fächer auseinander. Doch Ingenieure arbeiten bis heute disziplinübergreifend. Gleichwohl setzt sich ingenieurwissenschaftliches Grundwissen aus einer Vielzahl von Disziplinen zusammen, wie Mathematik, Physik und Informatik.

Der moderne Ingenieur vereint Allgemein- und Spezialwissen. Nur Maschinenbauingenieure findet man in nahezu jedem Wirtschaftszweig. Mediziningenieure dagegen sind halbe Ärzte; haben ein Grundverständnis von Krankheiten und Heilungsprozessen, kennen die besonderen Anforderungen, die der Komplex Krankenhaus stellt, und berücksichtigen die Bedürfnisse von Ärzten und Patienten.

Optoelektroniker beherrschen eine Kombination aus Optik, Elektronik und Informatik, Mechatroniker einen Mix aus Maschi-

Vom modernen Ingenieur werden hohe Flexibilität, solides Fachwissen und eine Reihe von überfachlichen Qualifikationen gefordert.

nenbau, Elektrotechnik und Informatik. Neuroinformatiker verschmelzen Biologie und Informatik. Sie ergründen das menschliche Gehirn und seine neuronalen Abläufe. Dabei untersuchen sie, wie der Mensch Informationen verarbeitet, welche Prozesse beim Lernen ablaufen, und ahmen diese Vorgänge technisch nach. Neuroinformatiker stellen künstliche neuronale Netze auf, beobachten erste kognitive Prozesse bei Säuglingen und bringen Robotern mit Hilfe dieser Erkenntnisse beispielsweise das Greifen bei.

Eine Koryphäe in diesem Bereich ist der Leibniz-Preisträger Professor Helge Ritter von der Universität Bielefeld. Er forscht zu neuronalen Netzen und ihrer Anwendung bei Maschinen, untersucht speziell Basisformen der Intelligenz bei Menschen und Tieren und wie diese bei der Bewegungssteuerung in Computern und Robotern nachgebildet werden können. Das interdisziplinäre Feld der Neurowissenschaften ist gegenwärtig eines der spannendsten Forschungsfelder überhaupt. Die Frage, ob der Mensch einen freien Willen hat, wie Kinder lernen, warum wir uns erinnern und was wir vergessen, beschäftigt Biologen, Physiker, Psychologen, Mediziner, Linguisten und schließlich auch Philosophen – der Beweis, dass Natur- und Geisteswissenschaftler durchaus einträchtig zusammenwirken können.

29

… weil Ingenieure Menschheitsträume wahr werden lassen

Das Automobil hat die Welt verändert und den Menschen ihren Wunsch nach Mobilität erfüllt.

»Technik ist alles, was dem menschlichen Wollen eine Form gibt«, hat der Ingenieur und Schriftsteller Max Eyth einmal gesagt. Wie wahr: Technik ist Ausdruck gesellschaftlichen Fortschritts, technischer Fortschritt aber auch eine Antwort auf gesellschaftliche Veränderungen. Ingenieure setzen mit ihren Erfindungen seit jeher Träume der Menschen um. Sei es der Traum vom Fliegen, die Sehnsucht nach dem All und den Tiefen des Meeres oder der Wunsch, unkompliziert und schnell von A nach B zu gelangen. Diesen Wunsch hat der Menschheit ein deutscher Ingenieur erfüllt.

Am 10. November 1885 ereignete sich Unerhörtes im baden-württembergischen Bad Cannstatt. Ohrenbetäubender Lärm hallte durch die Straßen. Die Schaulustigen hielten den Atem an. Vor ihren Augen brauste ein motorbetriebenes hölzernes Gefährt mit eisenbeschlagenen Rädern vorbei, gelenkt von Paul Daimler, dem ältesten Sohn des Ingenieurs und Unternehmers Gottlieb Daimler. Eine Sensation: das erste Motorfahrzeug der Welt. Seit 1882 hatten Daimler und sein Partner Wilhelm Maybach Tag und Nacht im Gartenhaus der Villa Taubenheimstraße 13 an dem Gefährt getüftelt. Hier im Verborgenen entwickelten sie den weltweit ersten kleinen und schnell laufenden Benzinmotor, der in ein Fahrzeug eingebaut seinen Test bestand. Der sogenannte Reitwagen fuhr drei Kilometer nach Untertürkheim und zurück mit 0,5 PS und 12 Kilometern pro Stunde. Das Gefährt wurde am 29. August 1885 vom Kaiserlichen Patentamt in Berlin als erstes Motor-Rad der Welt gesetzlich geschützt.

Im Durchschnitt hat heute etwa jeder zweite Deutsche ein Auto. Laut Statistischem Bundesamt besitzen die deutschen Haushalte mehr als 36 Millionen Pkw.

Der 1834 im schwäbischen Schorndorf geborene Bäckersohn Gottlieb Daimler entwickelte aus einem schweren, feststehenden Gasmotor einen leichten, transportablen Benzinmotor. Die Grundlage für die Motorentechnik legte 1867 Nikolaus Otto. Doch das Ottosche Viertaktverfahren gestattete aufgrund seines komplizierten Zündmechanismus keine hohen Drehzahlen.

Daimler, der nach dem Besuch des renommierten Stuttgarter Polytechnikums für Otto gearbeitet hatte, baute 15 Jahre später in seiner Cannstatter Firma den ersten Verbrennungsmotor, der mittels Glühzündung und gesteuertem Auslassventil 600 Umdrehungen in der Minute erreichte, leicht und kompakt war. Daimlers Motor übertraf alle bisherigen Maschinen. Er war universell einsetzbar und ermöglichte unzählige weitere Erfindungen. Nach dem hölzernen Motorrad konstruierte Daimler 1886 zusammen mit Wilhelm Maybach eine Motorkutsche – das erste Vierrad-Automobil

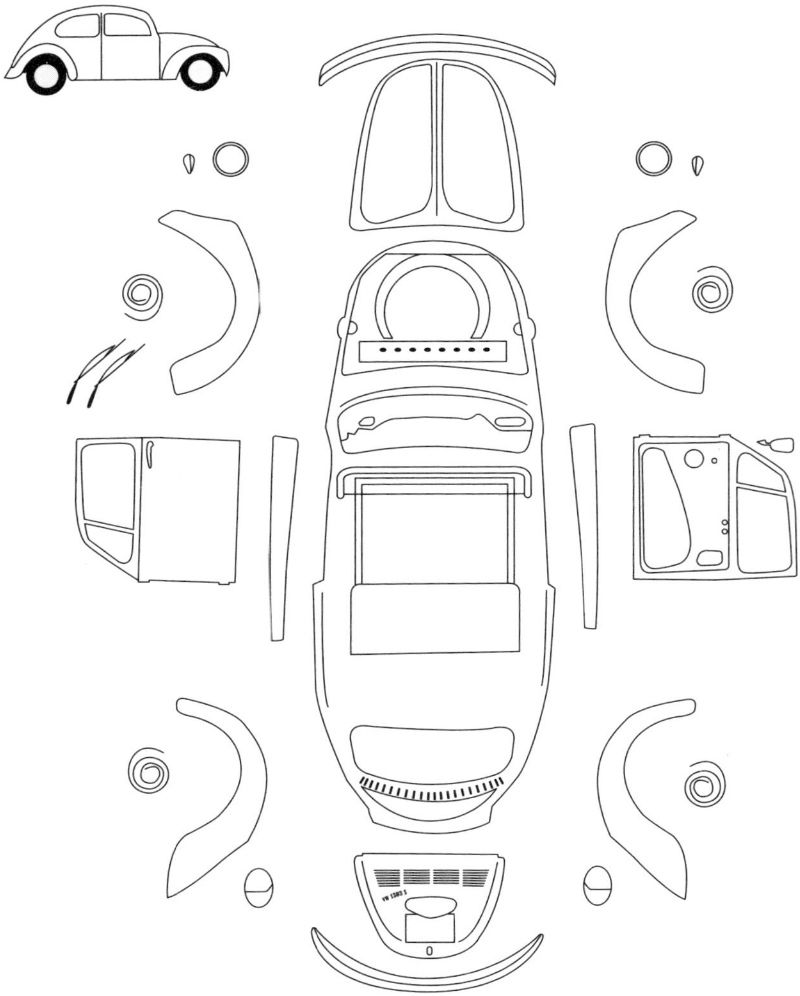

Der Volkswagen Käfer war bis 2002 mit mehr als 21 Millionen Exemplaren das meistverkaufte Auto der Welt.

der Welt. Doch nicht nur Daimler arbeitete zu dieser Zeit an der Entwicklung eines Autos. Im einige Kilometer entfernten Mannheim stellte der Konstrukteur Carl Friedrich Benz im gleichen Jahr seinen dreirädrigen Patent-Motorwagen vor. 40 Jahre später fusionierten beide Firmen zur Daimler-Benz AG.

Daimlers Erfindung legte den Grundstein für die moderne Mobilität. Es wurde endlich wahr, wovon Menschen jahrhundertelang träumten. Nahezu jeder konnte fortan einfach, bequem und bezahlbar reisen.

Zwar bauten bereits im 18. Jahrhundert Ingenieure erste Wagen, die nicht mit einem Pferd, sondern mit einer Dampfmaschine angetrieben wurden. Doch die Gefährte waren teuer, reparaturanfällig und schwer zu beherrschen. Die Menschen bewegten sich weiter zu Fuß, mit der Pferdekutsche, dem Fahrrad oder mancherorts mit der Eisenbahn fort. Angewiesen auf die eigene Muskelkraft, konnten selbst die gut Trainierten keine weiten Strecken zurücklegen und schon gar nicht innerhalb einer überschaubaren Zeit. An Reisen in ferne Länder war nicht zu denken.

Gottlieb Daimler optimierte in den folgenden Jahren seinen Motor weiter. Maybach baute für ihn 1889 den ersten Zweizylinder-V-Motor und ein Jahr später den ersten Vierzylinder-Reihenmotor, das Vorbild aller heutigen Reihenmotoren. Auch das erste Zahnradgetriebe der Automobilgeschichte, die Wasserkühlung und der Vergaser stammen aus der Cannstatter Schmiede. Die Erfindungen wurden über die 1890 gegründete Daimler-Motoren-Gesellschaft finanziert. Mit dem ersten Motorboot, mit ersten baulich eigenständigen Automobilen wie dem Stahlradwagen und dem ersten Lastwagen und einem motorbetriebenen Luftballon verwirklichte Daimler seine Vision von der Motorisierung zu Wasser, zu Land und in der Luft. Das Automobil hat die Welt verändert und ist zum Synonym persönlicher Freiheit geworden.

30

… weil Ingenieure Revolutionen beflügeln

Weltwissen zwischen zwei Pappdeckeln, beliebig oft zu vervielfältigen und für jeden verfügbar – diese Vision beflügelte vor 500 Jahren einen Mainzer Kaufmannssohn. Ein Ingenieur erfand den Buchdruck.

Technische Erfindungen schreiben Geschichte – Ingenieure verändern mithin die Welt. Der Sprung ins Computerzeitalter wäre ohne die visionäre Leistung, Beharrlichkeit und Mut seiner Pioniere nicht denkbar gewesen. Aber der Fortschritt begann nicht mit der Informatik, sondern mit der mechanischen Vervielfältigung von Wissen. Dass die meisten Menschen heute lesen und schreiben können, verdankt die Welt einem Ingenieur, der 1999 zu Recht als »Mann des Jahrtausends« geehrt wurde. An einem spätsommerlichen Abend im August 1454 war es so weit. Johannes Gutenberg stand allein in seiner Mainzer Werkstatt, erschöpft, aber überglücklich. Zum ersten Mal seit zwei Jahren lärmten keine Maschinen. Es war still, die Gehilfen waren bereits nach Hause gegangen. In den Händen hielt der Meister sein Lebenswerk: eine lateinische Bibel – das erste Buch der Welt, das mit beweglichen Lettern gedruckt wurde. Es umfasste 1282 Seiten in zwei Bänden. Die Buchstaben waren groß, damit der Priester sie in der Messe mühelos lesen konnte, und gestochen scharf.

Hinter dem Mainzer Kaufmannssohn lag ein steiniger Weg. Die Entwicklungskosten waren immens, er musste Personal bezahlen, technische Geräte anschaffen und Papier bezahlen – insgesamt mehrere Millionen Gulden (ein ordentliches Bürgerhaus in Mainz kostete zu der Zeit etwa 500 Gulden). Doch Gutenberg gelang es immer wieder, Geldgeber zu finden und potenzielle Kunden von der neuen Kunst zu überzeugen. Trotz mehrerer Gerichtsverfahren wegen Beleidigung und ungezahlter Zinsen gab er nicht auf.

Ingenieure legten die technischen Grundlagen für die großen Medienrevolutionen der Menschheitsgeschichte: von der Mündlichkeit zur Schriftlichkeit, von skriptografischen zu typografischen, von typografischen zu elektronischen Medien.

Gutenbergs Erfindung ist so einfach wie genial: Er zerlegte die Texte in ihre kleinsten Einheiten – Buchstaben und Zeichen – und goss sie in Lettern, die er beliebig oft neu zusammensetzen konnte. Dennoch waren viele weitere Konstruktionsschritte notwendig, um ein Buch zu drucken. Zunächst entwickelte Gutenberg eine spezielle Legierung aus Blei, Zinn und Antimon, um stabile Lettern zu erhalten. Die Typen musste er nun auf eine einheitliche Länge schneiden, damit sie beim Satz nicht hervorragten. Ein Handgießinstrument und die Buchdruckerpresse bildeten den Kern seiner Entwicklung. Die speziell ausgerüstete Spindelpresse konnte die Farbe gleichmäßig auf das angefeuchtete Papier auftragen. Gutenberg arbeitete an mehreren Pressen gleichzeitig. Pro Hebeldruck wurden bis zu acht Seiten fertiggestellt.

Zwei Jahre lang hatte die Druckerpresse ununterbrochen gearbeitet, 230 760 Arbeitsgänge waren notwendig, um 180 Exemplare der Bibel auf Pergament und Papier zu drucken. Bislang brauch-

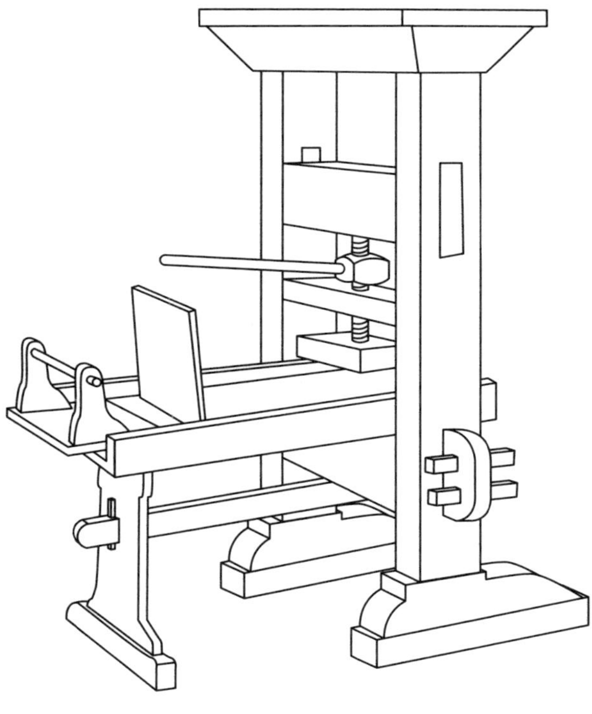

Mit Gutenbergs hölzerner Druckpresse konnten erstmals Texte technisch vervielfältigt werden.

te ein Schriftgelehrter drei Jahre, um das Buch der Bücher abzuschreiben, nie war es fehlerfrei. Damit sollte nun Schluss sein. Der Buchdruck machte die Handschriften überflüssig. Eine Revolution begann.

Gutenbergs Setzkasten und Druckstock, die fast 350 Jahre konkurrenzlos geblieben sind, haben die Kommunikation grundlegend verändert. Gutenberg legte die Basis dafür, dass die meisten Menschen heute Zugang zum Wissen haben. Radio, Fernsehen und Internet – die elektronischen Massenmedien des 21. Jahrhunderts – sind ohne den Buchdruck nicht denkbar. Bis heute ist Johannes Gutenberg Symbol deutschen Erfindergeistes und nach einhelliger Meinung vieler Wissenschaftler ein Wegbereiter der Demokratie. Denn in der Zeit vor Gutenberg war gespeichertes Wissen teuer und rar und wurde in Klöstern und Schlössern verwahrt. Nur Adel und Klerus hatten Zugang. Einfache Menschen waren Analphabeten. Gutenberg demokratisierte die Bildung.

Schon die Zeitgenossen erkannten die Tragweite der Erfindung. Im Januar 1465 ehrte der Mainzer Erzbischof Adolf von Nassau Gutenberg öffentlich, ernannte ihn zum Hofmann und stattete ihn reich aus. Als Johannes Gutenberg im Februar 1468 im Alter von 68 Jahren starb, hatte sich seine anfangs noch geheim gehaltene Kunst des Buchdruckens bereits explosionsartig verbreitet. Kaum ein Ingenieur hat die Welt derart verändert wie Johannes Gutenberg. Denn die klügsten Gedanken sind wertlos, wenn sie nicht verbreitet werden.

Mit den Jahren bekam jeder Mensch die Chance, lesen und schreiben zu lernen und sich in Büchern vorhandenes Wissen anzueignen. Was wäre aus Luther und Kant, den französischen Revolutionären und dem Hambacher Fest geworden, wenn nicht Bücher, Zeitungen und Flugblätter die Menschen mobilisiert hätten.

31

… weil Ingenieure cool sind – sie prägen das Lebensgefühl einer Generation

Am Anfang steht immer eine Vision. Manchmal trifft sie den Nerv ihrer Zeit, sodass daraus das Markenzeichen einer ganzen Generation wächst.

Technische Pioniertaten wie das Auto oder das Telefon wären auf dem Schrottplatz der Geschichte gelandet, hätten sie nicht die Bedürfnisse ihrer Zeit getroffen. Manchmal gelingt es Ingenieuren, Technik zu entwickeln, die nicht nur ein Bedürfnis befriedigt, sondern das Lebensgefühl einer ganzen Generation prägt – so wie die

Geräte mit dem Apfel. Steve Jobs hatte sich schon eine Weile bei seinen Freunden im Silicon Valley herumgetrieben und in den Ferien beim Videospielehersteller Atari gejobbt. Mitte der siebziger Jahre traf er bei Hewlett-Packard auf den Ingenieur Steve Wozniak. Der bastelte gerade an seiner Blue Box, einem illegalen Telefonzubehör, mit dem Nutzer kostenlos Ferngespräche führen konnten. Jobs half Wozniak, die Box an Studenten zu verkaufen.

Beide begeisterten sich für Heimcomputer – eine neue Art von Rechengeräten, die Bastler im boomenden Hightech-Tal zusammenlöteten und bei Treffen des »Homebrew Computer Club« ihren Freunden vorführten. Eines Nachts, die beiden brüteten mal wieder über einem Schaltkreis, hatte Jobs die Idee, einen kleinen Rechner auf den Markt zu bringen, den nicht nur Spezialisten bedienen konnten. Wozniak war Feuer und Flamme. Während man bislang mindestens ein Ingenieurstudium in der Tasche haben oder ein außergewöhnliches Talent sein musste, um die Rechner-Ungetüme bedienen zu können, sollten künftig alle von der neuen Technik profitieren.

Technischer Fortschritt formt und prägt das Lebensgefühl ganzer Epochen.

Beseelt von der Vision, die Möglichkeiten des Computers für jedermann, jederzeit und überall nutzbar zu machen, arbeitete Jobs Tag und Nacht wie besessen. Die Rollen waren schnell verteilt: Während Wozniak die Elektronik weiterentwickelte, trieb Jobs das Startkapital auf. Keine einfache Sache, denn zu dieser Zeit war er ausschließlich barfuß unterwegs, trug sein schwarzes Haar schulterlang, rasierte sich selten und duschte fast nie. Der Hippie, der einige Zeit in Indien verbracht hatte, glaubte an die Theorie eines Gurus, dass richtige Ernährung (Früchte und Nüsse) von innen reinigt. Jobs zog von Büro zu Büro, um Investoren ins Boot zu holen. Er verkaufte seinen roten VW Bully, Wozniak seinen Texas Instruments Taschenrechner – für beides zusammen bekamen sie 1300 Dollar. Mit Witz, Charme und Charisma überzeugte der 19-jährige Jobs Geschäftspartner von der Chance, in eine Weltneuheit zu investieren. Wer dennoch skeptisch blieb, dem drohte Jobs, den Raum nicht eher zu verlassen, bis er zugestimmt hatte.

Am 1. April 1976 gründete Jobs zusammen mit Wozniak die Apple Computer Company – die Geburtsstunde eines Kultunternehmens. Gemeinsam brachten sie ihren ersten Rechner heraus. Der Apple, der erste industriell hergestellte PC, wurde Marktführer in der neuen, boomenden Branche und eröffnete ein neues Computerzeitalter.

Acht Jahre später folgte der nächste Coup: Jobs bringt den Macintosh heraus, den ersten eleganten, leicht bedienbaren PC, mit 68 000er-Mikroprozessor und einer Taktfrequenz von 7.83 MHz. Integriert waren zudem 128 KB RAM sowie ein 3 1/2-Zoll-Diskettenlaufwerk mit 400 KB Speicherkapazität, alles untergebracht in einem grauen Kunststoffgehäuse mit 9-Zoll-Monitor, Gewicht: nur acht Kilogramm. Der Bildschirm konnte Grafiken mit bis zu 512 x 324 Bildpunkten darstellen. Die Erfindung war revolutionär. Trotz des stolzen Preises von 2495 Dollar standen die Kunden Schlange. Apple verkaufte in 75 Tagen über 50 000 Stück.

PCs sind zu einem zentralen Bestandteil unseres Alltags geworden. Man arbeitet, spielt und lebt mit ihnen. Doch Jobs ist mit Apple das Kunststück gelungen, mehr als ein Gerät und eine Marke zu etablieren. Einen Mac kauft man nicht, weil er technisch besser ist als andere Computer, sondern weil man Teil einer Community werden will, die sich als fortschrittlich, kreativ und visionär definiert. Der Mac vermittelt ein Lebensgefühl und ist ein Beispiel dafür, wie Ingenieure mit Mut und Ideen stilbildend wirken können. Apple hat nicht nur Kunden, sondern vor allem glühende Anhän-

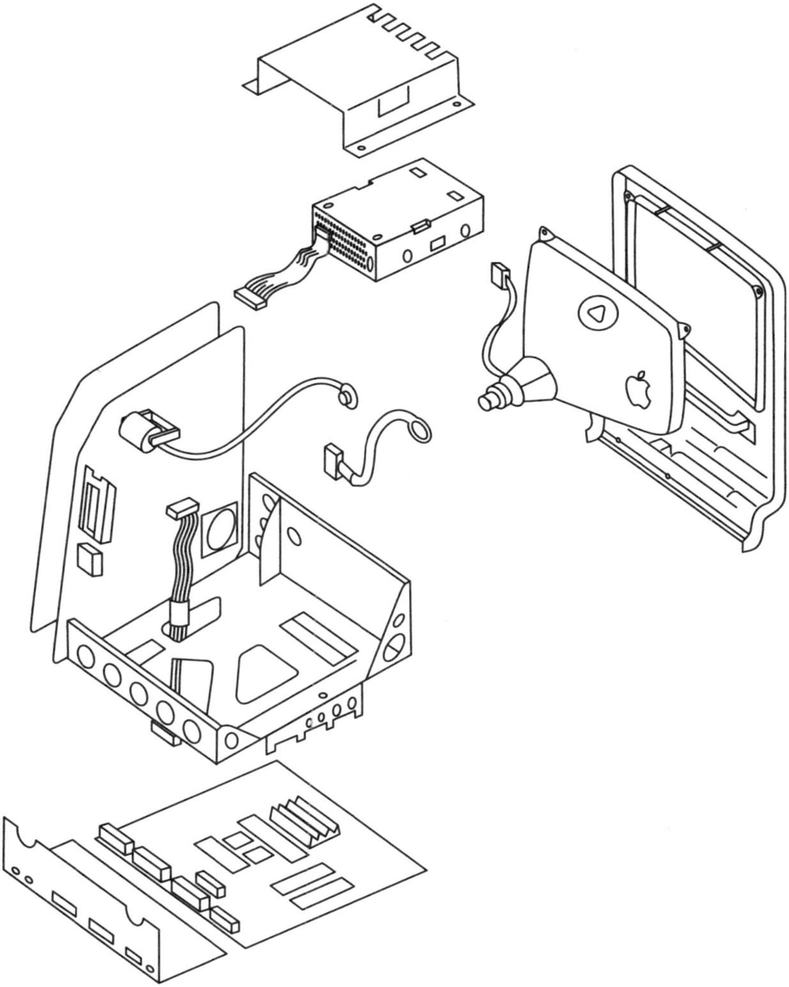

Der erste Mac, der Macintosh 128k, wurde 1984 auf den Markt gebracht, wog 7,5 Kilogramm und hatte 128 KB RAM Arbeitsspeicher.

ger, die sogar so weit gehen, sich das Firmenlogo einzutätowieren oder, wie die Schauspielerin Gwyneth Paltrow, ihre Kinder nach dem Apfel zu benennen.

Mit dem iPhone ist dem Unternehmen ein neuer Coup gelungen. Als Jobs 2007 der Öffentlichkeit einen Prototyp des zum Multimedia-Telefon ausgebauten iPod vorstellte, war sich die Fachwelt einig: Das iPhone revolutioniert das Handy, denn es vereint drei Geräte in einem: Mobiltelefon, Musikplayer, Internetcomputer. Das US-Magazin Time wählte das iPhone zur »Erfindung des Jahres 2007«. Es hat Smartphones zum Lifestyle-Produkt gemacht und ist heute ein Must-Have.

32

… weil Ingenieure unglaubliche Karrieren machen können

Standesdünkel ist Ingenieuren fremd. Kaum ein Fach ist so durchlässig für sozialen Aufstieg wie das Ingenieurwesen.

Niemand wird als Ingenieur geboren, und es hängt auch nicht vom Geldsäckel der Eltern oder dem eigenen ab, ob man den Beruf ergreifen kann. Um erfolgreich zu sein, braucht man Talent, Interesse an Technik und natürlich Spaß an der Arbeit. Dann sind auch ganz ungewöhnliche Karrieren möglich. Der Beruf bietet Aufstiegschancen wie kaum ein anderer. Der eine wird vom einfachen Bauschlosser zum Millionär, der andere Wirtschaftspersönlichkeit des Jahrtausends, die Dritte erlangt ewigen Ruhm und Ehre.

1. Valentina Tereschkowa – eine Frau erobert das All
»Hier ist Tschaika. Ich sehe den Horizont. Ein blauer Streifen. Das

ist die Erde. Wie schön sie ist!«, rief Valentina Tereschkowa. Ihr war schlecht, sie hatte Kopfschmerzen, ihr Körper hatte sich noch nicht vollständig an die Schwerelosigkeit im All gewöhnt. Doch die 26-jährige Kosmonautin war stolz und überglücklich. Vor drei Minuten stand sie noch fest mit beiden Beinen auf dem Boden, die Sekunden bis zum Start waren die längsten ihres Lebens. Dann erreichte ihr Raumschiff Wostok 6 die Erdumlaufbahn. Fast drei Tage lang wird sie in der einsitzigen Kapsel liegen. Der Kabinendurchmesser beträgt 2,2 Meter. Tereschkowa ist auf ihrem Schalensitz festgeschnallt, vor ihr die Instrumententafeln und Funkgeräte. Bei aller Übelkeit fühlt sie sich großartig – als erste Frau im All.

Tereschkowa hatte sieben Jahre als Zuschneiderin und Büglerin in einem Spinnereikombinat gearbeitet, nebenbei auf der Abendschule ihr Technikerdiplom erworben, und sie liebte das Fallschirmspringen. Nach Juri Gagarins spektakulärem Flug ins All im April 1961 beschloss die Tochter eines Traktoristen und einer Textilarbeiterin, Kosmonautin zu werden. Die kluge und mutige Frau aus Jaroslawl an der Wolga bewarb sich für das sowjetische Luftfahrtprogramm »Frauen im Weltall«.

Jeder vierte Ingenieurstudent ist ein Arbeiterkind. Oft sind die Nachwuchsingenieure die Ersten in der Familie, die einen Campus betreten. Jeder zweite Ingenieurstudent hat Eltern, die selbst nicht studiert haben.

Am 16. Februar 1962 wählte Ministerpräsident Nikita Chruschtschow sie persönlich aus fünf Kandidatinnen aus. Für Tereschkowa wurde ein Traum wahr. Auch wenn das 18-monatige Trainingsprogramm beinhart war: Schwerelosigkeitsflüge, Belastungstests in der Zentrifuge und technische Daten lernen – die zierliche Frau absolvierte die gleiche Ausbildung wie ihre männ-

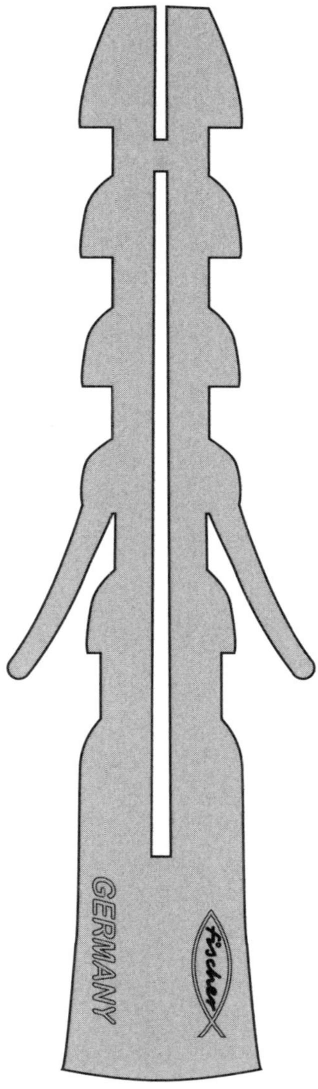

Der Spreizdübel von 1958 machte seinen Erfinder weltberühmt: Fischer-Dübel werden heute in über 100 Länder exportiert.

lichen Kollegen. Am 6. Juni 1963 um 12:29 Uhr Moskauer Zeit war es so weit. Valentina Tereschkowa trat den Beweis an, dass Weltraumreisen keine Männersache sind. An Bord von Wostok 6 startete sie vom sowjetischen Weltraumbahnhof Baikonur, 200 Kilometer östlich des Aralsees, zur aufregendsten Reise ihres Lebens. Die Wostok umkreiste die Erde 49-mal, Tereschkowa machte aus einer Höhe von 180 bis 231 Kilometern Foto- und Filmaufnahmen und landete schließlich etwa 620 Kilometer nordöstlich von Karaganda in Kasachstan. Ein Tal auf dem Mond wurde ihr zu Ehren »Tereschkowa« benannt.

2. Vom Bauschlosser zum Millionär – Artur Fischer

Artur Fischer, einer der erfolgreichsten Erfinder weltweit, wurde 1919 als Sohn eines Schneiders geboren. Erfolg und Geld waren ihm keineswegs in die Wiege gelegt. Der Vater hatte oft Mühe, die Familie durchzubringen. Artur Fischer begann seinen Berufsweg ganz bodenständig als Bauschlosser. Als 30-Jähriger gründete er sein eigenes Unternehmen Artur Fischer Apparatebau, in dem er Feueranzünder und Webstuhlschalter produzierte. Der Durchbruch gelang ihm ein Jahr später, als er den ersten synchron arbeitenden Blitz am Fotoapparat erfand. Die Firma Agfa kaufte kurzerhand die gesamte Produktion und die Vermarktungsrechte.

1958 sorgte Fischer mit einer kleinen Erfindung für großes Aufsehen: Der Fischer-Dübel machte ihn weltweit bekannt und aus seinem kleinen Familienbetrieb ein internationales Unternehmen. Neu war das Material – Nylon, dehnbar, witterungsbeständig und wärmeresistent. Heute werden allein im Stammwerk in Waldachtal-Tumlingen mehr als sieben Millionen Dübel pro Tag produziert. Fischer hat im Laufe seines Lebens mehr als 1100 Patente angemeldet – sein Erfindergeist, technisches Geschick und harte Arbeit brachten Erfolg und Reichtum.

3. Vom Tüftler zur Wirtschaftspersönlichkeit des Jahrtausends – Bill Gates

Auch wenn die Garage nur ein Mythos ist, so ist Bill Gates' Karriere doch einmalig. Denn der Computerpionier begann schon im Schulalter damit, Software zu programmieren. Zusammen mit seinem Schulfreund und späteren Partner Paul Allen bastelte er auf dem schuleigenen Computer an eigenen Programmen.

Nach dem Abschluss ging Gates 1973 nach Harvard, um Mathematik zu studieren. Er war intelligent und ehrgeizig, brach das Studium jedoch nach zwei Jahren ab, um seinen Traum zu leben. Mit Allen zusammen gründete er das Industrie-Imperium »Microsoft Inc«.

1983 erschien die erste Version von »Windows« auf »MS-DOS«. Das neue System war eine Revolution. Gates arbeite hart, tingelte von Messe zu Messe, aber kaum jemand interessierte sich für Windows. Hersteller und Verbraucher waren skeptisch. Doch Gates blieb hartnäckig, denn er glaubte an sein Betriebssystem, entwickelte es immer weiter. 1990 später erschien die erste Version Windows 3.0. Nun endlich begann der Siegeszug. Windows wurde das erfolgreichste Computer-Betriebssystem und Microsoft das erfolgreichste Software-Unternehmen der Welt.

Gates verdankt seinen Erfolg nicht nur dem Talent als Programmierer, sondern vielmehr seinen Fähigkeiten als geschickter und visionärer Geschäftsmann. Kein anderes Produkt der elektronischen Industriegeschichte hatte bislang mehr Einfluss auf die gesellschaftliche und wirtschaftliche Entwicklung. Bill Gates wurde zur Wirtschaftspersönlichkeit des Jahrtausends und einem der reichsten Menschen der Welt. Auch akademische Ehren wurden dem Studienabbrecher noch zuteil: Harvard ernannte ihn 2007 zum Ehrendoktor.

33

… weil Ingenieure mobil machen

Wege aus dem Stau, Energieeffizienz bei Kraftfahrzeugen und Transportssysteme auf der Schiene – Mobilität ist eine der weltweit wichtigsten Zukunftsfragen.

In den Stau gerät man wie in ein Gewitter, meistens ziemlich unerwartet. Besonders häufig staut es sich in Deutschland; mehr als 60 Stunden im Jahr steht der Autofahrer durchschnittlich im Stau. Wir lieben das Auto trotzdem, Millionen Pkw sind auf unseren Straßen unterwegs. Das macht uns zum Verkehrs-Europameister. Kein anderes Straßen-, aber auch Schienennetz ist so dicht wie in der Bundesrepublik, nirgendwo in Europa werden tagtäglich so viele Waren transportiert. Hunderttausende Lkw beliefern jeden Tag Supermärkte mit frischem Obst und Gemüse. In den vergangenen 15 Jahren hat der Personenverkehr in Deutschland um 40 Prozent zugenommen, der Güterverkehr sogar um 90 Prozent. Mobilität ist ein Wirtschaftsfaktor, sie bedeutet Lebensqualität – und sie hat ihren Preis: Immer mehr Städten droht der Verkehrsinfarkt, Autobahnen sind verstopft, für neue Straßen fehlt schlichtweg der Raum. Die Luft, die wir atmen, wird immer schlechter, der Lärm, den wir ertragen müssen, immer betäubender.

Die intelligente, dauerhafte Lösung unserer Verkehrsprobleme ist eine der drängendsten Fragen unserer Zeit. Ingenieure arbeiten an ihrer Lösung, Logistiker und Produktionstechniker, Materialforscher, Maschinenbauer und Softwarespezialisten. Sie tüfteln an Fahrzeugen, die umweltfreundlich und sicher sind; an innovativen Werkstoffen, die Lärm reduzieren und Sprit sparen; an Verkehrsleitsystemen, die Staus vermeiden.

Forscher des Fraunhofer-Instituts haben für die Stadt Dresden eine Software entwickelt, die Autofahrern Informationen über Verkehr, Baustellen und Parkplätze liefert. Das schont Zeit, Nerven – und spart Sprit.

Ein Schlüssel zum Treibstoffsparen ist auch die Werkstoffentwicklung. Fahrzeuge, die leicht sind, fressen weniger Kraftstoff. Fahrzeugbauer entwickeln deshalb neue, leichte Materialien zur Konstruktion von Autos, Bussen, Bahnen und Flugzeugen. Kunststoffe und Leichtmetalle wie Aluminium und Magnesium ersetzen schwere Bleche. Der Leichtbau macht die Fahrzeuge obendrein sogar sicherer, weil sich ihre Bauteile plastisch verformen und Aufprallenergie auffangen. Um die Lärmbelastung durch Verkehr zu verringern, haben Ingenieure außerdem sogenannte adaptronische Bauteile entwickelt. Diese werden im Fahrwerk eingebaut, spüren Schwingungen auf und führen

Autobahnkreuze regeln das Abbiegen, wo Kreuzung oder Ampelanlage nur stören würde. Der amerikanische Bauingenieur Arthur Hale hat den sogenannten planfreien Knotenpunkt 1916 erfunden.

Gegenbewegungen aus, die Vibrationen unterdrücken. Das reduziert Lärm und entlastet das Material. Die Autos lernen zu flüstern.

Jeden Tag reisen fünf Millionen Menschen mit der Bahn, 33 000 Züge rollen über 34 000 Kilometer Schienennetz. Klar, dass sich da Verspätungen kaum verhindern lassen. Ingenieure versuchen es trotzdem. Im Eisenbahnbetriebslabor der TU Dresden steht eine gigantische Modelleisenbahnanlage, 100 Züge fahren auf 1600 Meter Strecke. Mit Mathematik und Experimenten werden Verfahren entwickelt, die Unpünktlichkeiten verringern. Was im Labor funktioniert, wird hinterher in den Betriebszentralen der Deutschen Bahn getestet.

Die europäische Flugsicherungsorganisation EuroControl hat errechnet, dass der Flugverkehr in Europa jedes Jahr um fünf Prozent wächst. Forscher vom Fraunhofer-Institut helfen den Flughäfen, die vielen Starts und Landungen zu bewältigen, indem sie die Luftströmungen untersuchen, die hinter abhebenden Flugzeugen auftreten und schnell getaktete Starts der Maschinen verhindern. Wichtig für die Fluggesellschaften, die in

Autobahnkreuz-Grundformen

jeder Minute Geld verlieren, in der die Turbinen still stehen. Aber auch der Passagier ist den Forschern nicht egal: In einem neuartigen Labor, das Flüge bis zu 13 000 Meter Höhe simuliert, werden die Bedingungen untersucht, unter denen sich der Mensch an Bord am wohlsten fühlt.

Was den Verkehr angeht, können Ingenieure vieles besser machen. Den Faktor Mensch aber können sie nicht immer beeinflussen. Der gehorcht nicht immer der Vernunft, tanzt aus der Reihe oder tritt plötzlich auf die Bremse. Und schon ist er wieder da, der berühmte Stau aus dem Nichts.

Spaghetti-Knoten

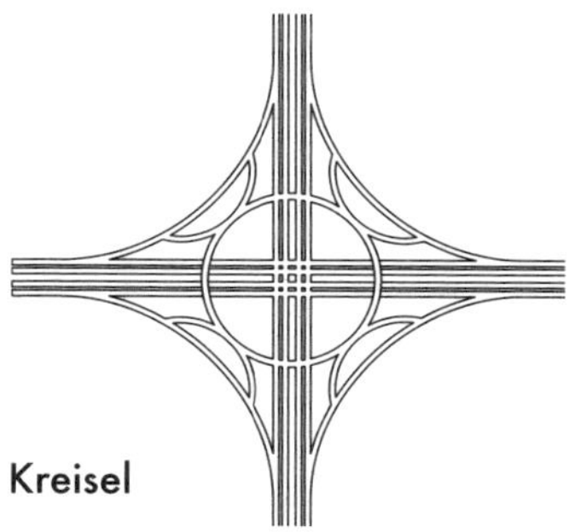

Kreisel

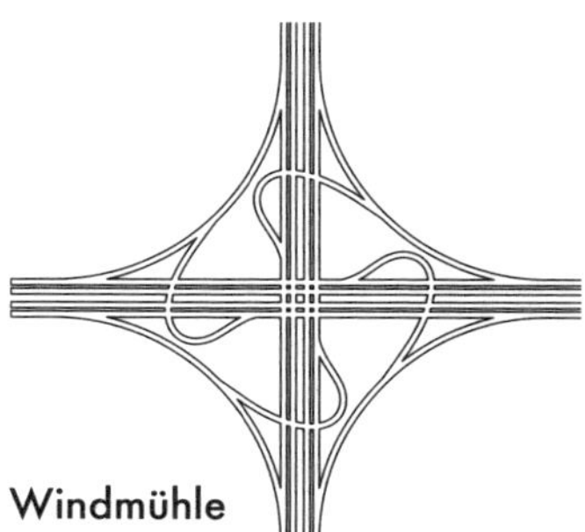

Windmühle

34

… weil Ingenieure große Kinder und Kinder große Ingenieure sind

Forscherdrang und Entdeckergeist, Kreativität und Mut sind die Eigenschaften, die jeder Ingenieur braucht. Kinder haben beides: Sie konstruieren Brücken und Burgen, lassen Flugzeuge fliegen und Türme in die Luft wachsen.

Für Kinder bedeutet es ein großes Erfolgserlebnis, wenn sie es zum ersten Mal schaffen, selbst ihre Schuhe zu schnüren. Tatsächlich ist diese Leistung kaum zu überschätzen. Nach Berechnungen des australischen Mathematikers Burkard Polster gibt es mehr als 43 200 Arten, einen Schuh mit zwei mal sechs Löchern zu schnüren. Der Wissenschaftler errechnete die effizienteste Methode, indem er

Schnürsenkel und Schuh als Flaschenzug betrachtete, und berechnete das Schnürmuster, das am wenigsten Senkellänge braucht. Das alltägliche Schuheschnüren bedeutet also eine Meisterleistung an Analyse, Abstraktion und Ausdauer.

Kinder erschaffen sich ihre eigene Welt aus Sand, Klötzchen oder Pappkartons. Sie untersuchen mit großer Ausdauer jede Mahlzeit, ihren Körper und Dinge, die sie auf dem Boden finden. Sie sind technikbegeistert: Sie kennen Automarken, freuen sich über Schiffe, Flugzeuge und Eisenbahnen. Sie wollen wissen, wie sich ein kleiner Bach mit Steinbrocken aufstauen lässt. Sie konstruieren mit einfachsten Hilfsmitteln Türme, Brücken und Häuser. Sie bauen Iglus, Höhlen und Sandburgen. Kinder sind kleine Ingenieure.

Die ThyssenKrupp AG bringt im Ferienkindergarten den Jüngsten spielerisch die ersten biologischen, technischen und physikalischen Grundregeln bei.

Ingenieuren gelingt es, diese kindliche Genialität zu bewahren, die alle Menschen in ihren ersten Lebensjahren zu erstaunlich lern- und aufnahmefähigen Wesen machen. Zwar brauchen sie für ihren Beruf ein anspruchvolles Studium und genaue Kenntnisse von so komplizierten Dingen wie Widerständen, Bytes, Dehnung, Molekülen oder Spannung, aber gleichzeitig kommt kein Ingenieur ohne kindliche Neugier aus.

Vielleicht ist nicht jeder Ingenieur begeistert, wenn man seinen sehr anspruchsvollen Beruf und die mühselige Spezialausbildung mit Sandburgenbauen, Schnürsenkelbinden oder Lego-Konstruktionen vergleicht. Die ganz offensichtlichen Parallelen zeigen aber, welch komplexe Aufgaben ein Kinderhirn zu lösen in der Lage ist. Die Freude am Experimentieren, Ausprobieren und Herumspielen ist für Ingenieure wichtig, denn jeder Entwurf für einen neuen

Auftrag, jede Lösung für ein noch so schweres Problem beginnt mit der Bereitschaft, seiner Fantasie freien Lauf zu lassen. Diese Methode von Versuch und Irrtum wenden auch Kinder an. Statt ein Puzzleteil nach dem anderen mit allen übrigen Teilen zu vergleichen, gelingt es schon kleinen Kindern zu abstrahieren – sie beginnen mit einem Eck- oder Randstück und arbeiten sich so immer mehr einer Komplettierung des Spiels entgegen. So finden sie die effizienteste Methode heraus, dem Puzzle-Problem zu begegnen.

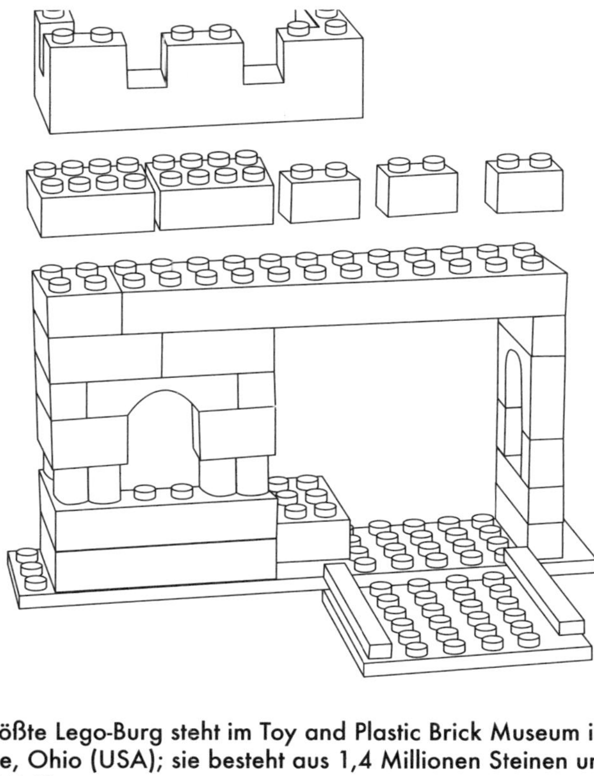

Die größte Lego-Burg steht im Toy and Plastic Brick Museum in Bellaire, Ohio (USA); sie besteht aus 1,4 Millionen Steinen und 2100 Minifigs.

Genauso arbeiten Ingenieure: Sie suchen unter den zahlreichen Möglichkeiten, ein Ziel zu erreichen, die effizienteste Lösung. Dabei orientieren sie sich an den Gegebenheiten. Um ein Hochhaus zu bauen, kommt es zum Beispiel darauf an, Untergrund und Baumaterialien zu kennen und in die Planung einzubeziehen. Egal, ob ein Teppichboden oder ein sumpfiges Gelände, ob Lego-Steine oder die verschiedensten Arten von Beton – der Prozess des Erfahrungensammelns und Experimentierens ist für Kinder und Techniker der gleiche. Erst später stützen sich beide auf experimentell erlangtes Wissen.

Der wichtigste Grund, warum Kinder und gute Ingenieure viel gemeinsam haben, ist aber die Begeisterungsfähigkeit. Der fantasievolle Umgang mit Materialien und die Freude am Ausprobieren verschiedenster Techniken verbindet beide.

Die deutsche Wirtschaft basiert zu einem großen Teil auf den Ideen und der Qualität unserer Ingenieure. Darum müssen wir uns auch um den Nachwuchs kümmern. Es ist wichtig, schon in der Schule Ingenieurwissen und -wesen zu vermitteln. Viele Schüler realisieren nicht, dass das, was ihnen im Chemie-, Physik-, Mathematik- oder Biologieunterricht großen Spaß macht, die Grundlagen des Ingenieurberufes sind. Dabei hat so manche Ingenieurkarriere im Sandkasten angefangen.

35

… weil Ingenieure die Welt vermessen und in ihr Inneres vordringen

Welche Gestalt hat die Erde, wo ist ihr höchster Punkt, wo der tiefste, was ist Deutschlands nördlichste Koordinate, was die südlichste? Ingenieure konstruieren immer präzisere Messgeräte, um diese Fragen zu beantworten.

Alle paar Jahre wird Deutschland komplett neu vermessen. Bergbauarbeiten können zu Senkungen führen, Krustenbewegungen die Erdoberfläche umformen. Schon geringe Veränderungen wirken sich etwa im Deichbau aus. Zuletzt machten sich die Vermessungsingenieure 2008 auf den Weg in die entlegensten Winkel der Republik. Zwischen Hiddensee und den Alpen stellten sie ihre Messgeräte auf, die mit Hilfe von Satelliten Lage und Höhe in Millimetergenauigkeit aufzeichneten. Pro Sekunde ermittelte der Satellit eine Position.

Das Positionsbestimmungssystem GPS hat in den letzten Jahren ein hoch präzises globales und regionales Überwachungsnetz aufgebaut. Vermessungsingenieure vor Ort, gar mit den Strapazen, wie Daniel Kehlmann sie in seinem Roman »Die Vermessung der Welt« für das 19. Jahrhundert humorvoll beschreibt – die wird es künftig nicht mehr geben. Technik wird die manuelle Arbeit im Feld weitgehend ersetzen. Kehlmanns Landvermesser Friedrich Gauß hätte seine Freude an den modernen Geräten gehabt.

Kein Bauwerk ohne Landvermessung. Geodäten beschäftigen sich seit mehr als 3000 Jahren damit, die Erdfigur zu bestimmen. Heute arbeiten sie in der Umwelttechnik, im Bauwesen, in der Raumplanung, programmieren Geo-Datenbanken oder visualisieren Messdaten digital. Sie suchen Antworten auf wichtige Zukunftsfragen: Wo lagern Erdölvorkommen, warum bewegen sich die Kontinentalplatten, und wie bahnt sich Lava ihren Weg durch die Erdkruste an die Oberfläche? Moderne Satellitentechnik liefert präzise Daten: Sie wird beispielsweise Aufschluss darüber geben, wie hoch der König der Berge wirklich ist. Chinesen maßen dem Mount Everest 1995 8844,43 Meter zu, andere Nationen hingegen kamen vier Jahre später auf 8850 Meter. Bis heute ist auch die Meeresspiegelhöhe nicht einheitlich vermessen, deren Höhenunterschied bis zu 100 Meter betragen kann.

Moderne Messtechnik hat aufgedeckt: Die Chinesische Mauer ist mehr als 2000 Kilometer länger als gedacht.

Kein Bauwerk kann ohne Vermessung von Land und Erdoberfläche errichtet werden. Es ist nicht nur wichtig, die Grundstücksgrenzen einzuhalten, auch Hoch- und Tiefbau muss vermessungs-

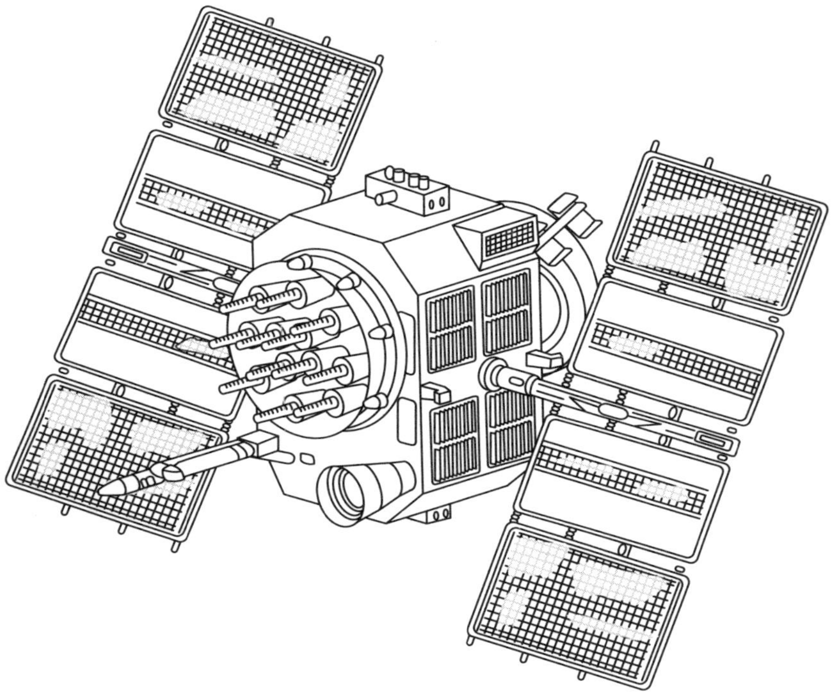

GLONASS (russ. ГЛОНАСС) ist das Globale Satellitennavigationssystem des Verteidigungsministeriums der Russischen Föderation. Im Gegensatz zum GPS senden bei GLONASS alle Satelliten mit gleichem Code, aber auf unterschiedlichen Frequenzen.

technisch vorbereitet werden. Ingenieurgeodäten werden beim Bau von Großprojekten wie Talsperren, Staudämmen oder Brücken bereits in die Planung einbezogen, übertragen die auf dem Papier entwickelten Vermessungspunkte in die Natur und überwachen die Bauwerke, wenn sie stehen, um kritische Bewegungen rechtzeitig festzustellen. Sie untersuchen den Einfluss von Gebäuden auf den Baugrund und ermitteln etwa, ob eine Böschung standfest genug ist, um eine Straße dort zu errichten. Sie sichern Kaimauern und bauen Dämme oder Deponien.

Auch der systematische Bergbau wäre ohne die Arbeit von Ingenieuren nicht möglich, die unter Tage vermessen. So schaffen sie die Grundlage dafür, Bodenschätze zu gewinnen. Eines der ältesten Salzbergwerke liegt in Wieliczka in Polen, 17 Kilometer südöstlich von Krakau. Es gehört zum Weltkulturerbe der UNESCO. An dieser Stelle existierte bereits seit 3500 v. Chr. eine Salzsiederei, seit dem Mittelalter wurde unterirdisch abgebaut. Ingenieure bereiteten die Arbeiten vor.

Der moderne Steinkohlenbergbau auf dem europäischen Kontinent begann um 1200 in Lüttich, wo bereits zur Zeit der Römer Steinkohle genutzt wurde. Von 183 Zechen Anfang der 1950er Jahre sind gegenwärtig in Deutschland nur noch sechs in Betrieb. Doch während die deutsche Steinkohle im Vergleich zu Förderriesen wie China und den USA an Bedeutung verliert und laut Bundesbeschluss nur noch bis 2018 abgebaut werden soll, ist die Bergbautechnik international umso wettbewerbsfähiger. Ob Tunnelbaumaschinen, die am Bildschirm in Echtzeit gesteuert werden, oder gläserne Bergwerke, die sich über Hunderte von Kilometern erstrecken und per Mausklick sichtbar werden – moderner Bergbau ist heute ein Hightech-Betrieb. Die RAG-Bergbautechniktochter DBT beispielsweise ist mit einem Anteil von rund 40 Prozent Weltmarktführer im Bereich der Strebtechnik.

Dank Bergbautechnik gelangt man durch den Eurotunnel trockenen Fußes von Frankreich nach England. Denn mit dem im Bergbau bewährten Präzisionskreiselkompass konnten die beiden Eurotunnel-Teams von Calais und Dover aus zielgenau aufeinander zu arbeiten. Auch die Bahn wäre ohne Bergbautechnik bedeutend langsamer: Die heute weltweit verbreiteten Drehstromantriebe für Lokomotiven – eingesetzt unter anderem auch im ICE der Deutschen Bahn – gehen auf eine Entwicklung aus dem Steinkohlenbergbau zurück.

In Deutschland gibt es drei Bergakademien, die Technische Universität Bergakademie Freiberg, die Technische Universität Clausthal und die Rheinisch-westfälische Technische Hochschule Aachen. Auch die Technische Fachhochschule Georg Agricola in Bochum und einige weitere Bergschulen bieten bergbaubezogene Studiengänge an.

36

... weil Ingenieure für eine nachhaltige Entwicklung stehen

Wenn Ökologie, Ökonomie und Soziales zusammenspielen, spricht man von Nachhaltigkeit – dafür setzen sich Ingenieure ein.

Es ist ein strahlend schöner Samstagnachmittag im Jahr 2009. Für eine Gruppe angehender Ingenieure aus Bochum ist der Augenblick gekommen, auf den sie monatelang hingearbeitet haben: Fast 16 000 Kilometer von zu Hause entfernt, auf dem Victoria Square in Adelaide, geht der »Global Green Challenge« zu Ende, die Weltmeisterschaft für Solarmobile. Und unter dem tosenden Applaus der Australier fährt der »BOcruiser« über die Ziellinie. Das schnittige Elektroauto ist die Erfindung von gut 40 Nachwuchsingenieuren der Hochschule Bochum, Studenten der Mechatronik, Elektrotechnik, Informatik und des Maschinenbaus. Acht Tage rollte ihr Solar-Renner durchs australische Outback, ausschließlich angetrieben von der Kraft der Sonne. Zwar legt ein Solar-Flitzer aus

Japan die mehr als 3000 Kilometer schneller zurück, dafür wird der »BOcruiser« für das beste Design geehrt. Die Studenten fühlen sich bestätigt: Nicht den schnellsten Sonnenwagen mit den besten Siegchancen wollten sie ertüfteln, sondern ein völlig emissionsfreies Elektroauto, das auch alltagstauglich ist.

Die Bochumer sind Teil einer neuen deutschen Umweltbewegung. Weil Öl und Gas kontinuierlich knapper und teurer werden und der Klimawandel einen verantwortungsvollen Umgang mit Energie erfordert, wächst auf der ganzen Welt die Nachfrage nach Sonnenkollektoren, Windenergieanlagen und Wasserkraftwerken. Das Bundesumweltministerium prognostiziert, dass sich der Weltmarkt für Umwelttechnologien bis 2020 mehr als verdoppeln wird – auf geschätzte 2200 Milliarden Euro jährlich. Deutschland ist ohnehin Weltmarktführer im Geschäft mit der Umwelttechnik – dank der Ideen seiner Ingenieure einerseits, andererseits aber auch durch ein Öko-Bewusstsein, das hier ausgeprägter ist als in vielen anderen Ländern.

Die höchste Windkraftanlage der Welt steht im brandenburgischen Laasow. Die Fuhrländer FL2500 hat eine Gesamthöhe von 205 Metern bei einem Rotordurchmesser von 90 Metern.

Der Gedanke von Ressourceneffizienz und nachhaltiger Entwicklung ist nicht neu. Bereits der Freiberger Berghauptmann Hans Carl von Carlowitz schreibt in seinem 1713 erschienenen Buch über die Nutzung von Wäldern, dass nur so viel Holz geerntet werden darf, wie nachwächst. Ökologische Nachhaltigkeit muss dafür sorgen, Natur und Umwelt für nachfolgende Generationen zu erhalten.

Eine nachhaltige Energieversorgung muss kosteneffizient, umweltfreundlich und versorgungssicher sein. Die Kernfusion beispielsweise kann wie keine andere derzeit bekannte Energiequelle zu einer langfristigen und akzeptablen Lösung der Frage der Energieversorgung für zukünftige Generationen beitragen. Gerade für ein rohstoffarmes Land wie Deutschland bieten sich hier große Chancen. Die Ressourcen, Deuterium und Lithium, sind in Wasser und Gestein weltweit praktisch unbegrenzt verfügbar, negative Auswirkungen auf die Umwelt nach heutigem Wissensstand vergleichsweise gering. Die wissenschaftlichen Anstrengungen in Deutschland, vor allem des Max-Planck-Instituts für Plasmaphysik (IPP) in Garching und Greifswald, sind vielversprechend.

Schon seit rund 20 Jahren stillen Windenergieanlagen hierzulande den Hunger nach Energie. Die mehr als 20 000 Windräder decken inzwischen knapp 7 Prozent des gesamten Stromverbrauchs ab. 2025 werden es schon 25 Prozent sein, schätzt der Bundesverband Windenergie. Wer die Windräder aus der Ferne sieht, hat nicht gerade den Eindruck, Hochtechnologie vor sich zu haben: Ein langer Halter mit Propeller – was ist schon dabei? Doch hinter jedem Windrad stecken eine ganze Menge Ingenieurskunst und das präzise Zusammenspiel verschiedener Fachbereiche. Messtechniker bestimmen den besten Standort für die Anlage. Mit Präzisionsgeräten finden sie heraus, wo welche Windgeschwindigkeiten zu erwarten sind. Maschinenbauer planen Rotor, Gondel, Turm und Generator. Jede Komponente ist starken Belastungen und Umwelteinflüssen ausgesetzt, weshalb Werkstofftechniker das beste Baumaterial entwickeln.

Werden die fertigen Räder aufgestellt, schlägt die Stunde der Bauingenieure. Und damit die gewonnene Energie in Strom umgewandelt und ins Netz eingespeist werden kann, ist das Wissen von Elektroingenieuren gefragt. Noch komplizierter wird es, wenn die Windenergieanlagen in sogenannten Offshore-Parks auf hoher See errichtet werden. Dann sind ganze Flotten von Spezialschiffen und schwimmenden Kränen im Einsatz. Offshore-Windkraft gilt als Zukunftsmarkt, in den Konzerne wie Eon, RWE oder Vattenfall viel Geld investieren.

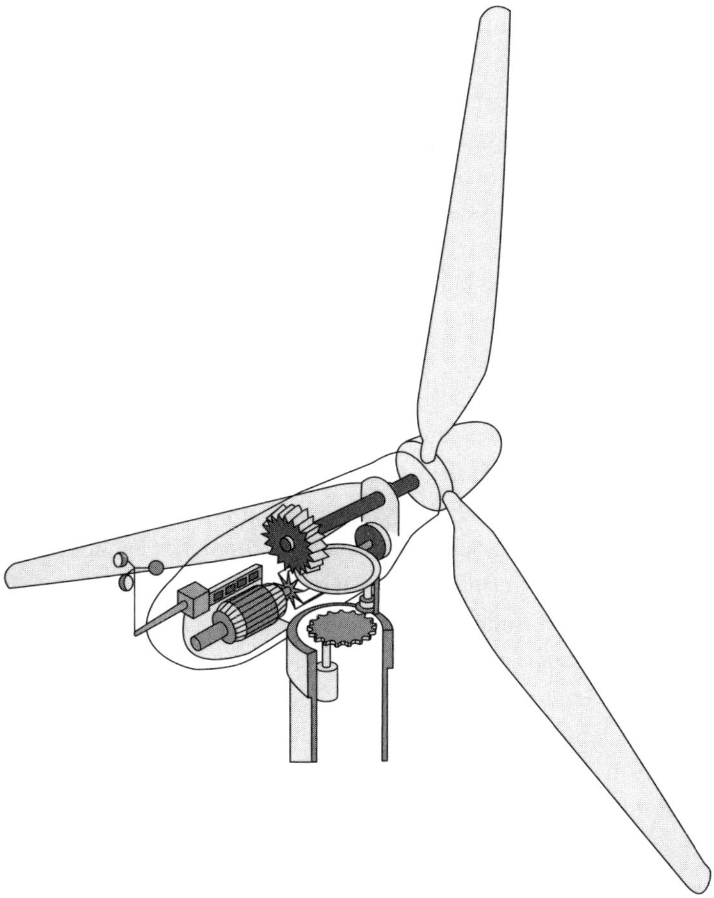

Windkraftanlagen wandeln die kinetische Energie des Windes in elektrische Energie um und speisen sie in das Stromnetz ein.

Überhaupt: Was manchmal in den Forschungs- und Entwicklungsabteilungen der Unternehmen entsteht, klingt wie Sciencefiction. Zum Beispiel das Aufwindkraftwerk, welches das Stuttgarter Ingenieurbüro Schlaich, Bergmann und Partner entwickelt hat: Das Mega-Bauwerk hat ein Glasdach mit sieben Kilometern Durchmesser, unter dem Luft von der Sonne aufgeheizt wird und mit einem Tempo von bis zu 60 Kilometern pro Stunde einen 1000-Meter-Turm hochsteigt – wie in einem Kamin. Die Luftströmung bewegt Turbinen, die gewaltige Mengen elektrischer Energie erzeugen – ein einfaches und erprobtes physikalisches Prinzip. Der Koloss aus Glas, Stahl und Beton bleibt trotzdem erst mal eine ebenso verwegene wie kostspielige Zukunftsvision. Doch die Stuttgarter Pläne sind exemplarisch für Deutschlands Standortvorteil: Das Land hat ein hervorragendes Reservoir an Forschern und Ingenieuren, die mutig denken.

Einen großen Beitrag zur nachhaltigen Entwicklung leistet auch der Werkstoff Stahl, dessen Eigenschaften Ingenieure permanent verbessern, um beispielsweise den beständig wachsenden Umwelt- und Sicherheitsanforderungen der Automobilindustrie nachzukommen. Hochfeste Stähle für den Leichtbau, verlustarme Elektrobleche und Materialien für das 700°-Kraftwerk – jede eingesparte Tonne Roheisen spart Energie.

37

… weil Ingenieure begeisterte Naturforscher sind

Pflanzen und Tiere sind optimal an ihre Umwelt angepasst – von den Bauprinzipien der Natur können Ingenieure viel lernen.

Rattus norvegicus bahnt sich seinen Weg durch die enge Kanalisation. Der massige graubraune Leib des als Wanderratte bekannten Nagers mit dem langen Schwanz und den kleinen Ohren wirkt plump und schwerfällig. Der Eindruck täuscht, wie ein Forscherteam der Technischen Universität Ilmenau herausfand. Beim Durchleuchten des Rattenkörpers mit einem speziellen Röntgengerät entdeckten die Wissenschaftler um den Ingenieur Andreas Karguth, dass die Ratte sich mittels eines erstaunlichen Mechanismus fortbewegt: Die Wirbelsäule funktioniert als eine Art Antrieb, um den massigen Hinterleib zu bewegen. Karguth nahm sich den Rattus norvegicus daher zum Vorbild für einen Roboter, der an Stellen gelangen kann, die für Menschen unzugänglich sind, bezog dabei auch Beobachtungen an Chamäleons und Eichhörnchen ein, die ebenso gute Kletterer sind wie Ratten.

Der thüringische Ingenieur konstruierte Ratnic: Diese mechanische Ratte ist ein hervorragender Kletterer und ein biomimetisches Vorzeigeexemplar. Ratnic wiegt ein Kilogramm, ist 20 Zentimeter lang und wird von mehreren Elektromotoren angetrieben. Mit seiner abstrakten anatomischen Struktur ahmt die teilautonome Intelligenz die wendigen Kletterkünste seiner biologischen Vorbilder nach. Der Roboter wird in Kabelschächten eingesetzt, die er senkrecht hinaufkrabbelt, um Kurzschlüsse aufzuspüren und zu reparieren. Auch in Aufzugschächten fühlt sich Ratnic wohl. Die Ingenieure haben ihn mit Sinnesorganen ausgestattet, Feuchtigkeits- und Gassensoren sowie einer Kamera, mit denen Ratnic in der Lage ist, Fehlerquellen gezielt aufzuspüren und zu beheben.

Biomimetiker wenden Phänomene aus der Tier- und Pflanzenwelt in der Technik an.

Für die mechanische Struktur des Kletterroboters haben die Ingenieure elastisch gekoppelte Gelenke und Seilzüge entwickelt, die die Muskeln, Bänder und Sehnen des Archetyps nachahmen. Wie sein biologisches Vorbild ist der Vorderkörper des Ratnic kleiner als die hintere Partie. Seine Pfoten sind klammerartig, haben Krallen und sind mit dem gleichen Gummi beschichtet wie Torwarthandschuhe. Sensoren sorgen dafür, dass die Gelenke des filigranen Aluminiumautomaten so gefühlvoll arbeiten wie die des Originals.

Von alters her lassen sich Ingenieure von der Natur für ihre Maschinen inspirieren. Leonardo da Vinci etwa hat Biologie und Mechanik miteinander verknüpft und die Ideen für seine visionären Flugapparate von Naturbeobachtungen abgeleitet: Er analysierte den Flug der Vögel und setzte diese Beobachtungen mit dem Ornithopter um. Der Ornithopter, eine Flugmaschine mit Schwingflügeln, ist der Prototyp der bemannten Luftfahrt; Ende des 19. Jahrhunderts wurde er zum ersten Mal konstruiert.

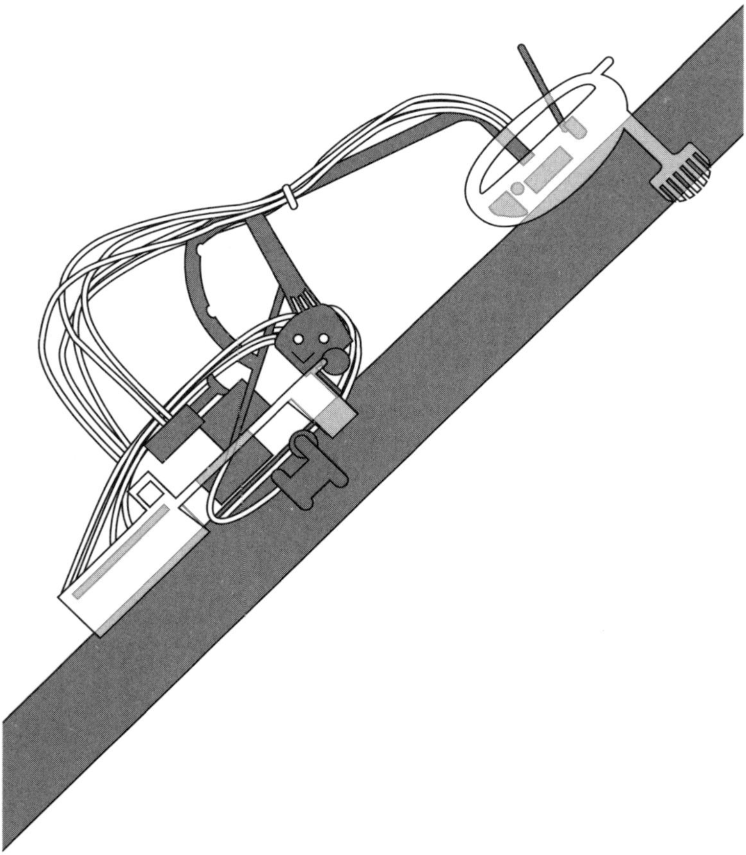

Der Ratnic ist ein Roboter, der Körperbau und Fortbewegung der heimischen Wanderratte nachahmt.

Heute ist das Fliegen für viele Menschen eine selbstverständliche Fortbewegungsweise. Zwar kommen dabei keine Ornithopter zum Einsatz, aber Leonardos Prinzip, die Natur als Vorbild für technische Innovationen zu bedienen, hat als Grundidee in der Biomimetik bis heute Bestand. Zum Beispiel in der modernen Luftfahrt: Biomimetiker haben Flügelspitzen konzipiert, die nach oben gebogen sind. Diese Winglets werden an den Enden der Tragflächen angebracht. Sie verbessern die aerodynamischen Eigenschaften des Flugzeugs, sorgen für ein besseres Flugverhalten und senken den Treibstoffverbrauch. Die Flügelendstücke sind in ihrer Form den Schwingen der Vögel nachempfunden.

Aber nicht nur Tiere spielen bei der Entwicklung biomimetischer Systeme eine Rolle. Auch Phänomene aus der Pflanzenwelt dienen den Wissenschaftsingenieuren als Inspiration für die Entwicklung innovativer Produkte. Die Blattstruktur der Lotuspflanze besitzt zwei herausragende Eigenschaften, die Forscher in der Industrie einsetzen. Die Oberfläche der Lotusblätter ist zugleich wasserabweisend und selbstreinigend: Eigenschaften, die in der Textil- und Bauindustrie gleichermaßen angewendet werden. Auf der Oberfläche von modernen Outdoor-Jacken sorgt der Lotuseffekt dafür, dass sich keine Nässe staut – das Wasser perlt einfach ab. Damit Hausfassaden sauber und trocken bleiben, gibt es den Lotuseffekt auch als Anstrich fürs Haus.

Während die ältere Bionik die Natur nur kopiert, versucht die Biomimetik das zugrundeliegende Prinzip zu verstehen und nach bestimmten technischen Anforderungen zu verbessern. Die Natur, durch Millionen Jahre der Evolution stetig optimiert, erweist sich auf diese Weise als unendliche Schatzkammer für Ingenieure.

38

… weil Ingenieure Kinder glücklich machen

Ingenieurseltern haben einen entscheidenden Vorteil: Sie können vom Baumhaus bis zur Seifenkiste all das bauen, was Kinderherzen höher schlagen lässt.

In kaum einer deutschen Kinderbadewanne fehlt das Playmobil-Piratenschiff. Es schwimmt, es hat Segel und Kanonen. Ein gut gebautes Boot, Beispiel für Ingenieurskunst. Der Grund für den Erfolg des kleinen Schiffs: Spielsachen sind nur dann populär, wenn sie gut konstruiert sind und funktionieren. Kinder haben einen untrüglichen Sinn für gutes Design und gelungene Bauweise.

Welches Kind träumt nicht von einem Baumhaus? Ein Vater, der ein stabiles, hohes und originelles Baumhaus baut, ist der Held der Familie. Ingenieure sind bei Kindern beliebt, weil sie problemlos Iglus, Indianerzelte oder eindrucksvolle Sandburgen konstruieren können, die manchmal sogar halten. Die meisten haben schließlich schon als Knirpse angefangen, Techniker zu sein. Viele Formel-1-Konstrukteure haben einst ein paar Räder unter eine Kiste geschraubt, um sich mit dem Gefährt halsbrecherisch einen Hügel hinabzustürzen. Später haben sie als Gymnasiasten und Studenten vielleicht an Solarfahrzeugen herumgebastelt, die stundenlang ohne Unterbrechung fahren. Am Prinzip ändert sich nichts – das Zusammenspiel der Kräfte verhält sich bei Seifenkiste und Rennauto ähnlich.

Einige der erfolgreichsten Spielsachen beweisen, dass es eines begabten Ingenieurs bedarf, um Kinder zu beeindrucken. Der berühmte Zauberwürfel etwa ist die Erfindung des ungarischen Professors Ernö Rubik. Mehr als 200 Millionen Exemplare dieses Geschicklichkeitsspiels sind verkauft worden, bei dem es darauf ankommt, durch gescheites Kombinieren die farbigen Elemente eines in kleinere Segmente unterteilten Würfels so anzuordnen, dass jede Außenseite eine einheitliche Farbe zeigt.

Die Internetseite www.seifenkisten.info gibt Tipps zum Bau eines Mini-Autos.

Das 3-D-Puzzle ist hochkomplex, die schwierige Kombination von Geist, Raum und Zeit bei Kindern und Erwachsenen ähnlich beliebt. Den Weltrekord hält ein Japaner, der nur 12,1 Sekunden brauchte, um das Rätsel zu lösen. Rubik, wie sollte es anders sein, ist der Sohn eines Ingenieurs und einer Künstlerin. Sein 1975 patentierter Urwürfel ermöglicht 43 Trillionen Farbkombinationen.

Als ideales Beispiel für die Verbindung von Spiel und Ingenieurswesen dient das System Fischertechnik. Der berühmte schwäbische Erfinder Artur Fischer, der Vater des Dübels, entwickelte den Konstruktionsbaukasten 1964 zunächst als Weihnachtsgeschenk für Geschäftspartner. Es ermöglicht auf Basis des grauen

Grundelements so gut wie jede Konstruktion, einschließlich motorengetriebener Maschinen. Fischertechnik-Bausätze werden oft im Schulunterricht eingesetzt. Viele Kinder entdecken so zum ersten Mal ihr Talent als Ingenieur.

Ähnlich setzte ein Namensvetter von Artur Fischer die Fantasie und natürliche Kompetenz von Kindern ein – der Amerikaner Herman Fisher, der Begründer des Spielzeug-Imperiums Fisher Price. Seit den 1930er Jahren beobachteten er und seine Ingenieure, wie Kinder mit ihren Produkten spielten. Fishers eigene Kinder trafen dann die Entscheidung, welche der Produkte in die Geschäfte gelangten. Für die Techniker und Entwickler war dieser Test ein besonders herausfordernder – aber auch die Wurzel des Erfolgs von Fisher Price.

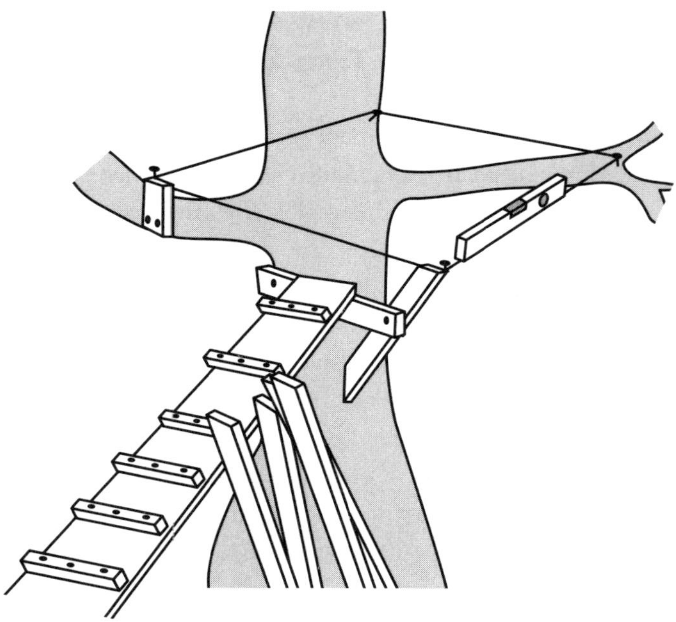

Auch das deutsche Erfolgsunternehmen Playmobil wäre nicht möglich ohne einen Ingenieur, der Ideen in Produkte übersetzt. Denn gerade einfach und unkompliziert wirkende Figuren und Formen zeugen oft von der Anstrengung des Designers und Technikers, der sie stabil und kindgerecht plant. Ingenieure scannen bei Playmobil die Modelle der Entwickler ein, um die besten Methoden für die Produktion zu erarbeiten und lange Haltbarkeit, zuverlässige Sicherheit und niedrige Kosten zu gewährleisten. Denn auch ein Playmobil-Piratenschiff geht unter, würde der Ingenieur nicht Hand anlegen.

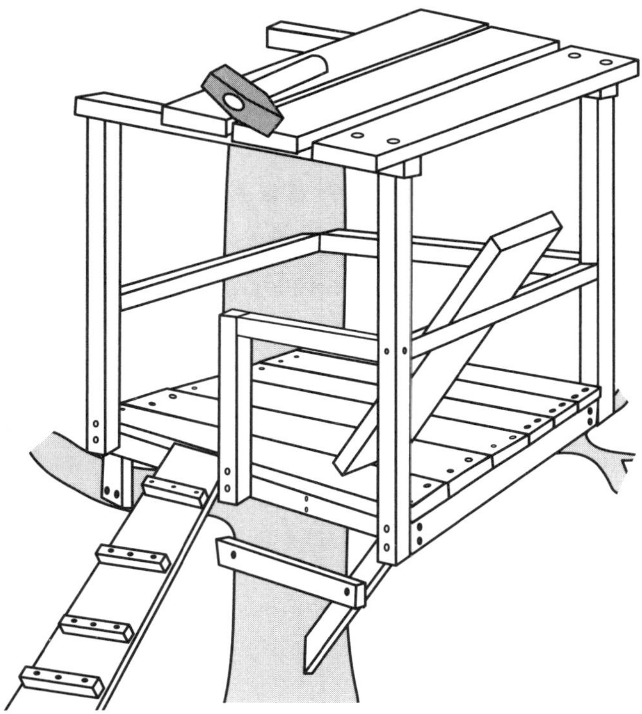

Baumhäuser lassen Kinderherzen höherschlagen.

39

… weil Ingenieure das Leben sicherer machen

Strom aus der Steckdose, die Maschine am Arbeitsplatz, das Auge des Teddybären – Technik braucht Sicherheit. Dafür sorgen Ingenieure.

Stromausfälle sind in Deutschland selten, im Durchschnitt fällt nur alle zwei Jahre für weniger als eine Stunde der Strom aus. Bleibt die Elektrizität tatsächlich aus, sind die Folgen verheerend. Der weltweit schlimmste Blackout ließ im August 2003 in weiten Teilen der USA die Lichter ausgehen. Er verursachte Schäden in Milliardenhöhe. Tausende Aufzüge blieben stecken, U-Bahnen und Züge standen still. In vielen Krankenhäusern begann der Kampf ums Überleben.

Das Stromnetz bildet die Lebensadern der Industriegesellschaft, dessen Sicherheit ist die Sache von Ingenieuren: Damit Strom sicher durch das deutschlandweit 1,7 Millionen Kilometer lange Netz in unsere Steckdosen fließt, arbeitet im Hintergrund ein großer Sicherheitsapparat vom Leitsystem, das vor Hacker-Angriffen geschützt ist, bis hin zum hochauflösenden Display mit nanoschneller Reaktionszeit in der Kommandozentrale. In jedem Abschnitt einer Energieversorgungskette werden Qualität und Übertragungsmengen des Stromnetzes gemessen und geregelt. Sensible Anwendungsbereiche wie Kontrollräume, Leitwarten und Überwachungszentren erfordern absolut zuverlässige Technik; hohe Bildqualität muss gewährleisten, dass jederzeit realistische Bilder mit klaren Aussagen über die aktuelle Situation dargestellt werden. So werden Fehler und Schwachstellen im System rechtzeitig aufgespürt und behoben. Ingenieure finden die optimalen Lösungen.

An rund 500 Standorten des TÜV Rheinland arbeiten weltweit mehr als 13 500 Menschen, davon 6500 in Deutschland. Sie prüfen, überwachen und zertifizieren Produkte, Industrieanlagen, Autos und Dienstleistungen.

Alle nationalen Infrastrukturen wie Behörden, Verkehr und Transport, Informationstechnologie und das Finanzwesen bedürfen eines besonderen Schutzes. Schon kleine Zwischenfälle können Kettenreaktionen auslösen, die schwer vorhersagbar und abschätzbar sind.

Fachhochschulen und Hochschulen bilden dafür eigens Ingenieure aus. An der Universität Wuppertal büffeln Sicherheitsingenieure, die Hochschule für angewandte Wissenschaft in Hamburg formt Ingenieure für Katastrophenschutz und Rettungsingenieure. Ob beim verheerenden Erdbeben auf Haiti (2010), dem Hurricane Katrina (2005), der New Orleans fast dem Erdboden gleichmachte, oder im Winterchaos 2010, das im Norden Deutschlands wochenlang Inseln von der Außenwelt abschnitt – im Katastrophenfall gehören Ingenieure zu den Ersten, die den Betroffenen vor Ort helfen.

Der Bedarf an Sicherheitsingenieuren ist in den letzten Jahren im gleichen Maß gestiegen wie das Bedürfnis nach mehr Sicherheit. Nicht nur Versorgungsunternehmen müssen strenge Standards einhalten. Jeder Betrieb ist für die Sicherheit seiner Mitarbeiter, Anlagen und Produkte verantwortlich – ob Krankenhaus, Post oder Walzwerk. Am Frankfurter Flughafen, dem größten Deutschlands, überwachen neun Ingenieure alle Prozesse der Flugzeugabfertigung und begleiten die 6500 Mitarbeiter.

Auch ThyssenKrupp beschäftigt Sicherheitsingenieure, die für den Schutz am Arbeitsplatz sorgen und Unfälle verhüten. Sie prüfen Schutzkleidung, Lautstärke und Maschinen. ThyssenKrupp ExperSite bietet Unternehmen, Institutionen und Verwaltungen eine passgenaue Betreuung rund um den Arbeitsschutz und die

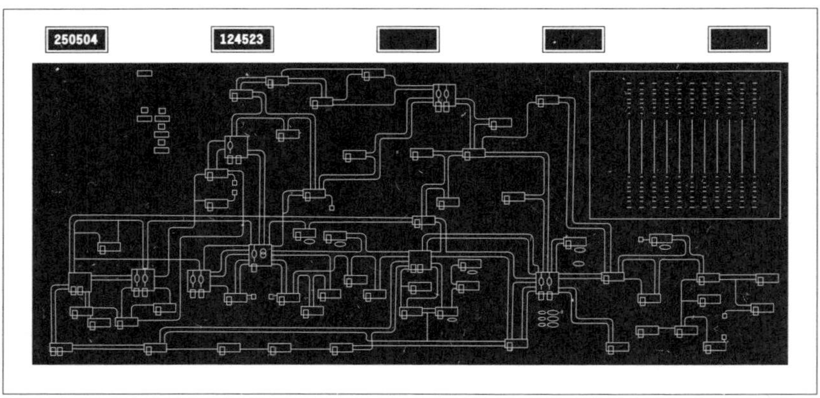

Die Synelec-Großbildwand überwacht einen Teil des Schweizer Stromnetzes.

Arbeitssicherheit. Ziel ist es, die arbeitstechnischen Belastungen so gering wie möglich zu halten und ein Höchstmaß an Schutzmaßnahmen sicherzustellen.

Das bekannteste und älteste Sicherheitsunternehmen in Deutschland ist der Technische Überwachungs-Verein (TÜV) Rheinland. Die Ingenieure prüfen die technische Sicherheit von Industrieanlagen, Haushaltsgeräten und Gebrauchsgütern – vom Kindersitz über den Kaffeekocher bis zum Kraftfahrzeug. Ist die Lehne am Bürostuhl gut verschraubt? Ist der Reißverschluss an der Jacke stabil? Hält das Auge des Plüschteddys?

Wer ein Produkt kauft, muss sich darauf verlassen können, dass es bei sachgemäßem Gebrauch auch einige Jahre hält. Das Auge eines Teddybären muss beispielsweise einer Zugkraft von 90 Newton, etwa 9,2 Kilogramm, zehn Sekunden lang standhalten. Dann erfüllt es die Norm. Die Bürostuhllehne wird 120 000-mal mit 445 Newton belastet. Erst wenn sie diesen Test besteht, erhält sie das TÜV-Prüfsiegel. Die Normen stehen fest, die Apparate in den Prüflaboratorien aber entwickeln Ingenieure. Eine Aufgabe, die sie mit viel Verantwortungsbewusstsein, Erfahrung und Kreativität bewältigen.

40

… weil Ingenieure Wegbereiter großer Architekturleistungen sind

Was haben die Pyramiden in Ägypten, der Burj Chalifa in Dubai und das Viadukt von Millau gemeinsam? Ohne pfiffige Ingenieure gäbe es diese großartigen Bauwerke nicht.

Der Burj Chalifa, der Turm des Kalifen in Dubai, ist seit 2009 das höchste Gebäude der Welt. Er ist sogar noch 320 Meter höher als der Taipeh 101, der zuvor diesen Titel innehatte. 330 000 Kubikmeter Beton und 103 000 Quadratmeter Glas wurden in 22 Millionen Arbeitsstunden zu einem 500 000 Millionen Tonnen schweren Bauwerk verarbeitet. 1,5 Milliarden Dollar hat der Bau des Turms gekostet. Doch alles Geld der Welt allein hätte nicht gereicht ohne die Ideen und den Mut eines cleveren Ingenieurs. Dass der Turm des Kalifen überhaupt steht, verdankt er seiner einzigartigen Bauweise. Der Chefingenieur des Projekts, William Baker, entwickelte die Idee, drei sich gegenseitig stützende Gebäudesäulen an einer zentralen Achse zusammenzuführen und durch eine steife, sechseckige Mittelachse zusätzlich Stabilität zu gewährleisten.

Der Burj Chalifa ist bei Weitem nicht das einzige Bauwerk, dessen Konstruktion unglaublich anmutet. Da sind die Pyramiden von Gizeh in Ägypten, die mehr als 4500 Jahre überdauert haben und heute zu den ältesten erhaltenen Bauwerken der Welt zählen. Oder das 2004 fertiggestellte Viadukt von Millau im Süden Frankreichs, mit fast zweieinhalb Kilometern die längste Schrägseilbrücke der Welt. Oder das rotundenförmige New Yorker Guggenheim-Museum, in dessen Innerem sich eine Rampe vom Erdgeschoss bis unter das Dach windet. Oder Tōdai-ji in Japan, das weltweit größte aus Holz errichtete Gebäude. All diese wunderschönen und hochkomplexen Gebäude verdanken ihre Existenz kühnen Bauingenieuren. Die sind für Konzeption und Planung genauso verantwortlich wie für Herstellung und Betrieb, wobei ein besonderes Augenmerk auf der Sicherheit der Konstruktionen liegt.

Das erstaunliche Können, über das Ingenieure selbst in längst vergangenen Zeiten verfügten, lässt sich zum Beispiel an der Cheops-Pyramide ablesen, dem ältesten Weltwunder der Antike. Das Bauwerk hat eine durchschnittliche Seitenlänge von 230 Metern und ist heute noch knapp 140 Meter hoch. Die verantwortlichen Ingenieure beherrschten schon 2500 Jahre vor Christi Geburt erstaunliche Fertigkeiten, um aus drei Millionen Steinblöcken, jeder 2,5 Tonnen schwer, eine Pyramide zu errichten. Der Bau ist ein Meisterwerk der Logistik: Die ägyptischen Ingenieure gruben eigens einen Kanal, um die Steine vom Abbaugebiet mit Schiffen zum Bauplatz zu transportieren sowie einen gepflasterten Weg, der die Straßen schonte und die Reibung minderte. Dadurch wurde das effektive Gewicht der Steine auf ungefähr 160 Kilo verringert, so dass nur acht Mann gebraucht wurden, die riesigen Steine zu bewegen.

Auch in der Infrastruktur von deutschen Städten zeigt sich die Schönheit ganz unterschiedlich ausgestalteter Ingenieurskunst. Beispiele sind die heute als Kulturstätte genutzte ehemalige Brauerei Pfefferberg im Berliner Szenebezirk Prenzlauer Berg, der Anfang des zwanzigsten Jahrhunderts errichtete Oberhausener Gasometer, Europas größter Scheibengasbehälter oder die eindrucksvolle Allianz-Arena in München. Die Fassade der Arena etwa ist aus 2760 Folienkissen hergestellt, die sich wahlweise in Rot, Blau oder Weiß beleuchten lassen. So kann das Stadion immer in den Farben der spielenden Mannschaft illuminiert werden. Hinter jedem Haus, jedem Turm, jeder Brücke, hinter allen Bauten stehen nicht nur Architekten, sondern auch Ingenieure, die mit ihrer Expertise die hochfliegenden Ideen in Stahl, Glas und Stein übersetzen. Die Kreativität der Ingenieure ist immer auch Wegbereiter für neue Formen in der Architektur, wie der gigantische Burj Chalifa beweist. Mit dem Beruf des Bauingenieurs ist schließlich ein besonderes Maß an Verantwortung verbunden. Das Erbaute soll zu guter Letzt nicht nur perfekt aussehen, sondern auch der Nachwelt erhalten bleiben.

Kulinarische Höhen – wer beim Essen die Englein singen hören möchte, kommt an einem Besuch des Burj Chalifa in Dubai nicht vorbei. Denn der Turm ist nicht nur das mit Abstand höchste Gebäude der Welt, sondern beherbergt auch das höchstgelegene Restaurant auf dem Planeten Erde.

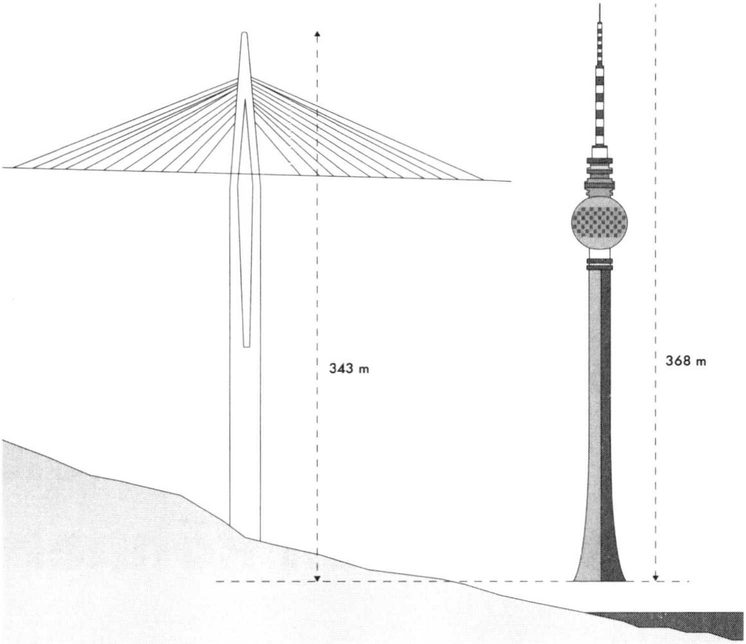

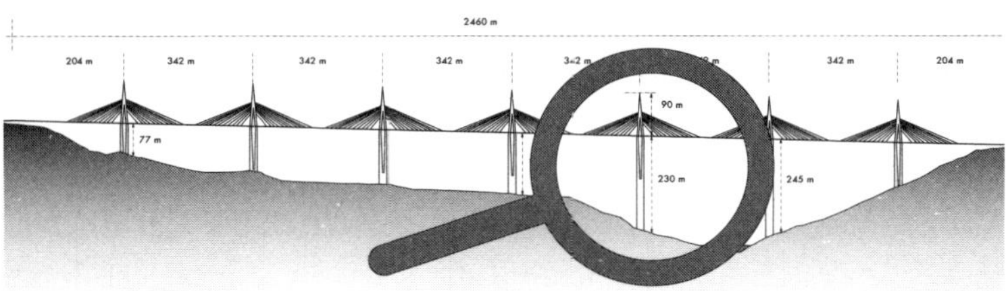

Das Viadukt von Millau führt seit 2004 eine Autobahn über den Fluss Tarn. Mit einer Höhe von bis zu 343 Metern sind einzelne Pfeiler fast so hoch wie der Berliner Fernsehturm.

41

… weil Ingenieure Schäden von Naturkatastrophen eindämmen können

Erdbeben, Orkane und Hochwasser gefährden das Leben von Menschen und verursachen jährlich Millionenschäden. Ingenieure helfen, die Risiken und Folgen zu minimieren.

Der Tsunami traf Einheimische und Touristen in Südasien am Morgen des 26. Dezember 2004 völlig unerwartet. Die gigantischen Flutwellen rasten unerbittlich auf die Küsten zu, ausgelöst durch eines der stärksten Seebeben seit Beginn der Aufzeichnungen. Das Beben im Indischen Ozean, 85 Kilometer vor Sumatra, erreichte eine Stärke von 9,1 auf der Richterskala. Die Energiemenge, die dabei freigesetzt wurde, entsprach etwa einer 100-Gigatonnen-Bombe. Bei dem Erdbeben brach der Seeboden weg und setzte mehr als

30 Kubikkilometer Wasser in Bewegung. Diese Bewegung hat den Tsunami ausgelöst, dessen Ausläufer bis zu den Küsten der Arktis, der Antarktis sowie im Osten und Westen Amerikas gemessen werden konnten.

Die meterhohen Flutwellen überschwemmten Küsten und Strände und drangen weit in das Landesinnere vor. Mit verheerenden Folgen: Die Tsunami-Katastrophe kostete 231 000 Menschen das Leben. Über 110 000 Menschen wurden verletzt, mehr als 1,7 Millionen Menschen obdachlos. Hätte die Naturkatastrophe verhindert werden können? Nein, sicher nicht. Ein Frühwarnsystem in der Region aber hätte helfen können, Leid, Elend und Zerstörung zu mindern.

Die Aufzeichnungen des Seismologischen Zentralobservatoriums in Hannover sind auf der Internetseite www.szgrf.bgr.de abrufbar.

Dank deutschem Knowhow sollen derartige Monsterwellen im Indischen Ozean künftig schnell und präzise vorhergesagt werden. Das Deutsche Geoforschungszentrum (GFZ) Potsdam hat 2008 in Indonesien das Tsunami-Frühwarnsystem GITEWS installiert. Die technisch komplexe Anlage mit Komponenten an Land, an der Meeresoberfläche, auf dem Meeresboden und im erdnahen Weltraum erfordert das Wissen und Können von Geowissenschaftlern und Ingenieuren gleichermaßen. Erstmals sind viele Sensoren verknüpft: Pegelmesser, Seismometer und GPS-Bojen. Die Software Seiscomp3 erfasst und verarbeitet die Daten.

Ingenieure sprechen liebevoll von »Delphinfunk«. Denn die akustische Datenübertragung mittels Ultraschall bildet das Kernstück des deutschen Tsunami-Warnsystems. Ziel ist es, frühzeitig Hinweise auf eine drohende Riesenwelle und ihr Ausmaß zu erhalten. Vom Entstehen bis zum ersten Aufrollen der Welle auf die Festlandküsten von Indonesien vergehen etwa 20 Minuten. In dieser Zeit können Gefährdungskarten für betroffene Regionen im Warnzentrum erstellt und Menschen vor Ort gewarnt werden. Die Erfahrung von 2004 lautete schließlich: Jede Sekunde zählt.

Geotechnologien erlangen zunehmend Bedeutung. Alle 140 bis 160 Jahre etwa bebt im Süden Chiles der Boden, zuletzt im Februar 2010. Das Beben von 1960 war mit einer Stärke von 9,5 auf der Richterskala das stärkste, das bisher gemessen wurde. Der nachfolgende Tsunami zerstörte große Teile der Küste, rund 2000 Menschen starben. Jedes dieser Beben wird dadurch ausgelöst, dass sich die kontinentale Platte vor Chile auf die ozeanische Platte schiebt

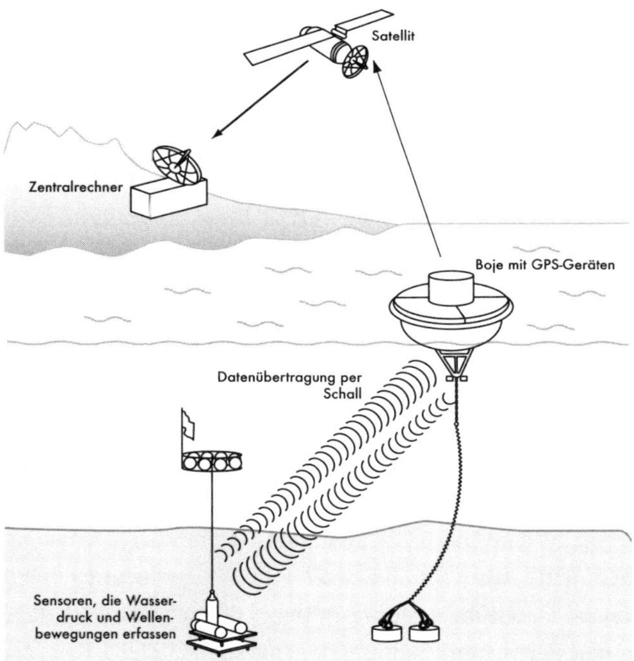

Ein Frühwarnsystem kann den Weg und die Stärke eines Tsunami schon 15 Minuten nach dem Erdbeben bestimmen.

und die dadurch entstehenden Spannungen sich plötzlich entladen. Wissenschaftler des Verbundprojekts TIPTEQ (The Incoming Plate to mega Thrust EarthQuakes) versuchen nun, mittels modernster Technik zu klären, welche Faktoren die Beben bestimmen, um die Gefährdungen besser abschätzen zu können.

Auch in Deutschland wird seit 1991 ein Netz breitbandiger seismologischer Stationen aufgebaut, das kontinuierlich Daten über lokale Erdbebenerscheinungen aufzeichnet. Das Deutsche Seismologische Regionalnetz (GRSN) umfasst gegenwärtig 20 über Deutschland verteilte Stationen. Sie sind in speziellen Bunkern oder geeigneten Kellern installiert, um störende Einflüsse von außen zu minimieren. Ingenieure bauen und überwachen die Seismometer, die Bodenerschütterungen registrieren, erkennen und lokalisieren.

Ingenieure sind es auch, die Gebäude erdbebensicherer konstruieren. Das Zentrum für die Ingenieuranalyse von Erdbebenschäden in Weimar etwa prüft Schäden, um Rückschlüsse auf die Verletzbarkeit bestimmter Baustrukturen zu ziehen und diese Erkenntnisse präventiv im Neubau zu berücksichtigen, auch in häufig von Hochwasser betroffenen Regionen.

Das Knowhow der Ingenieure war auch nach dem Jahrhunderthochwasser an Mulde und Elbe im August 2002 gefragt, das Millionenschäden im Südosten Deutschlands verursachte. Technischer Hochwasserschutz, bauliche Schutzvorkehrungen an bestehenden Gebäuden und ein verstärktes Risikomanagement können die negativen Folgen eindämmen. Dazu gehört auch, den Fluss der Gewässer hydrologisch und hydraulisch zu simulieren und Überflutungen zu berechnen. Hochwasser und Erdbeben wird es immer geben. Dass daraus Katastrophen werden, helfen Ingenieure zu verhindern.

42

… weil Ingenieure uns neue Welten im All eröffnen

Den Sternen so nah – der Menschheitstraum ist Wirklichkeit geworden, dank des Knowhows von Ingenieuren.

Bei klarem Wetter kann man am Himmel die schönsten Sternenbilder sehen. Nur die Venus versteckt sich vor den neugierigen Blicken hinter einem milchigen Schleier aus Schwefelsäure. Der 108 Millionen Kilometer von der Sonne entfernte, weitgehend unerforschte Planet hat die Fantasie der Forscher immer wieder beflügelt. Gibt es dort, auf dem Zwilling der Erde, Wüsten, Wasser oder Wälder?

Forscher des Max-Planck-Instituts für Sonnensystemforschung sind dem Geheimnis der Venus einen entscheidenden Schritt nähergekommen. Gemeinsam mit dem Deutschen Institut für Luft- und Raumfahrt und dem Institut für Datentechnik der TU Braunschweig entwickelten die Tüftler die Venus Monitoring Camera.

Das Gerät hat ein Gesichtsfeld von 17,5 Grad, je nach Distanz variiert die Auflösung zwischen 200 Metern und 50 Kilometern. Ein Sensor bildet simultan vier verschiedene Wellenlängen ab, von UV über sichtbares bis hin zu infrarotem Licht.

Die Weitwinkelkamera ist eines von einem halben Dutzend Geräten an Bord des europäischen Spähers Venus Express, der seit April 2006 die Erdnachbarin umkreist. Kein einfaches Unterfangen, liegt der Luftdruck am Boden des Planeten doch bei 92 Bar (auf der Erde müsste man dafür in 900 Meter Meerestiefe tauchen), die Temperaturen bei 457 Grad, und die Wolken rasen in Formel-1-Tempo vorbei. Doch die Ergebnisse des Venus Express, die der russische Physiker Dimitri Titow in Katlenburg-Lindau auswertet, sind beachtlich: Die Fotos zeigen gewaltige Wolkenwirbel am Südpol der Venus, die irdischen Hurrikans ähneln, und Temperaturvariationen in den Landschaften, die Aufschluss über die Mineralien geben können.

Die Europäische Weltraumorganisation (ESA) koordiniert seit 1975 die europäischen Raumfahrtaktivitäten. Sie hat 18 Mitgliedstaaten. Mehr dazu unter www.esa.int

Die Erforschung der Venus ist nur ein Projekt von vielen im All, das moderne, hoch präzise Ingenieurstechnik, wie Teleskope, Simulationen und Raumsonden, erfordert. Die Geschichte der Astronomie ist auch eine Geschichte der Ingenieure. Seit Urzeiten fasziniert die Menschen, was jenseits der Erde passiert. Die Geschichte der Sternwarte geht in das 5. Jahrtausend v. Chr. zurück. Die Kreisgrabenanlage von Goseck und der Megalith-Kreis in der Nubischen Wüste gelten als die ältesten Observatorien. Von hier aus beobachteten die Urforscher den Himmel mit bloßen Augen.

Das vor 400 Jahren erfundene Fernrohr revolutionierte das Wissen über das Weltall. Der deutsch-niederländische Brillenmacher Hans Lipperhey konstruierte das sogenannte holländische Fernrohr, das Galileo Galilei weiterentwickelte. Sein Objektiv war eine Sammellinse und das Okular eine Zerstreuungslinse kleinerer Brennweite. Es besaß ein kleines Gesichtsfeld, stellte die Objekte aber aufrecht und seitenrichtig dar.

Nach der Erfindung des Teleskops wurden die ersten Sternwarten nach heutigem Verständnis gebaut. Christian Mayer, Professor der Experimentalphysik und Mathematik, konstruierte um 1772 die Mannheimer Sternwarte in einem Turm, einen der ersten eigenständigen Sternwartenbauten weltweit. Er erwarb Instrumente und Bücher und entwickelte die Beobachtungsstation zur anerkannten Forschungseinrichtung weiter.

Heute setzt das Hubble-Weltraumteleskop neue Maßstäbe, das die Erde in 575 Kilometer Höhe innerhalb von 96 Minuten einmal

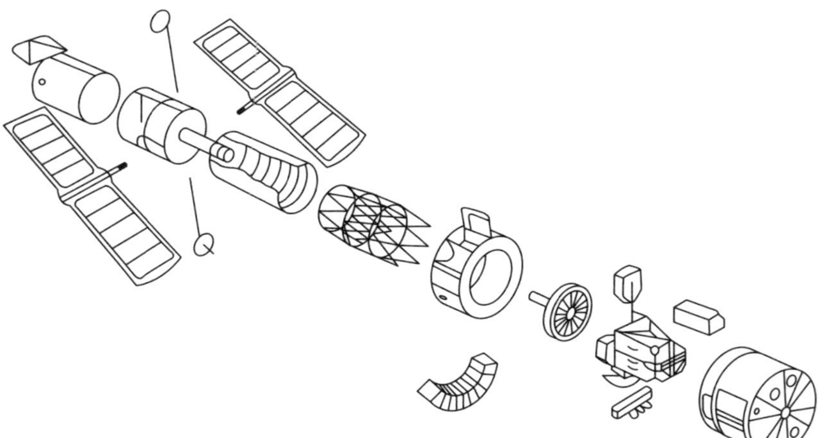

Das Hubble-Weltraumteleskop wiegt 11,6 Tonnen, ist 13,1 Meter lang, hat einen maximalen Durchmesser von 4,3 Metern und ist mit modernster Technik ausgestattet.

umkreist. Es bestimmt Galaxien, beobachtet ferne Supernovae und weist schwarze Löcher nach. Die Ingenieure von NASA, ESA und der kanadischen Weltraumagentur arbeiten mit Hochdruck am Nachfolger, dem James Webb Space Telescope, das Hubble im Jahr 2013 ablösen soll.

Auch Planetarien, die immer mehr Besucher begeistern, sind Ergebnis großer Ingenieurskunst. Walther Bauersfeld, Ingenieur bei Zeiss Jena, hat das moderne Projektionsplanetarium erfunden. 1919 begann er, eine freitragende Kuppel zu konstruieren, und kleidete sie mit einer weißen Innenfläche aus. Im Mittelpunkt stand eine kleine, elektrisch angetriebene Kugel, auf der mehrere Projektoren angebracht waren, die die Sterne auf die Innenseite der 16 Meter hohen Kuppel spiegelten. Die Rotation der Kugel ahmte die Bewegung des Sternenhimmels nach. 1923 leuchtete der erste künstliche Sternenhimmel. Das Zeiss-Planetarium Jena öffnete im Juli 1926 seine Tore für die Öffentlichkeit und ist heute noch in Betrieb.

Doch die Menschen begnügen sich nicht mehr nur damit, ins All zu sehen, sie fliegen auch selbst dorthin. Der US-Multimillionär Dennis Tito war 2001 der weltweit erste Weltraumtourist, einige mehr folgten. Ab 2013 sollen auch vom Flughafen Cochstedt in Sachsen-Anhalt Touristenflüge ins All starten. Ingenieure für Raketentechnik in Magdeburg entwickeln Ultraleichtflugzeuge mit Raketenantrieb, die die Passagiere in 120 Kilometer Höhe befördern und einige Minuten in Schwerelosigkeit versetzen sollen. Den Test im Windkanal haben sie schon bestanden. Pauschalreisen, Linienflüge und Weltraumhotels sind noch Zukunftsmusik, die Eroberung des Weltraums durch den Menschen aber ist dank moderner Technik nicht mehr aufzuhalten.

43

... weil Ingenieure zufrieden mit ihrem Beruf sind

Maschinen, Technologien, Werkstoffe, Verfahren – Ingenieure schaffen Beständiges, das vielen nützt. Deshalb sind sie glücklich mit dem, was sie tun.

Ob man seinen Job mag oder sich jeden Morgen aus dem Bett quält, schlecht gelaunt auf den Weg macht und dann im Büro mit heruntergezogenen Mundwinkeln seine Zeit absitzt, das hängt nicht nur vom Charakter ab. Manche Berufe sind prädestiniert, miese Stimmung zu erzeugen. Am Beschwerdeschalter einer Fluglinie, beim Ordnungsamt oder am Fließband herrscht vermutlich weniger Glück als bei Standesbeamten, Hebammen oder Schornsteinfegern.

Der Ingenieur hat Glück. Sein Beruf macht überdurchschnittlich froh. Eine Umfrage des Verbands Elektrotechnik, Elektronik,

Informationstechnik (VDE) unter 700 jungen Elektroingenieuren ergab, dass sie durchweg positive Eigenschaften mit ihrem Beruf verbinden. Drei Viertel bezeichnen ihn als abwechslungsreich, mit viel Gestaltungsspielraum und guten Entwicklungsmöglichkeiten. 60 Prozent sind überzeugt, dass Ingenieure einen wertvollen Beitrag für die Gesellschaft leisten. Ein Drittel hält den Job für krisensicher.

Aber nicht nur Krisenfestigkeit und die Sicherheit des Arbeitsplatzes sind ausschlaggebend für Berufszufriedenheit. Bei Ingenieuren kommt das Sinnstiftende hinzu: Viele schaffen etwas Bleibendes. Anders als Arbeitnehmer, deren Tätigkeit täglich bei null beginnt und endet, ist es den meisten Ingenieuren möglich, die Resultate ihrer Arbeit noch Jahre später zu besichtigen. Wer einmal eine Brücke geplant hat, der wird jedes Mal ein bisschen stolz sein, wenn er darüberspaziert.

Die James-Watt-Medaille der British Institution of Mechanical Engineers wird alle zwei Jahre an international renommierte Ingenieure verliehen. Sie gilt als eine der höchsten Auszeichnungen für Maschinenbauer.

Ingenieure stehen immer wieder vor der Herausforderung, Neues zu entwickeln. Die Ergebnisse ihrer Arbeit sind greifbar; sie sind sichtbar, nachvollziehbar, sie funktionieren. Selbst im Privatleben, zu Hause können sie sich auf ihr erlerntes praktisches Denken verlassen. »Geht ein deutscher Techniker mit ein paar Konservendosen in den Urwald, kommt er mit einer Lokomotive heraus«, behauptete der Erfinder Felix Wankel.

Das Glück, Ingenieur zu sein, erschließt sich jedoch nicht allen Außenstehenden. Nur 40 Prozent der befragten Ingenieure glauben, dass ihr Beruf in der Öffentlichkeit ein gutes Image hat. Und nur ein Viertel glaubt, dass Ingenieure im Unternehmen hohe

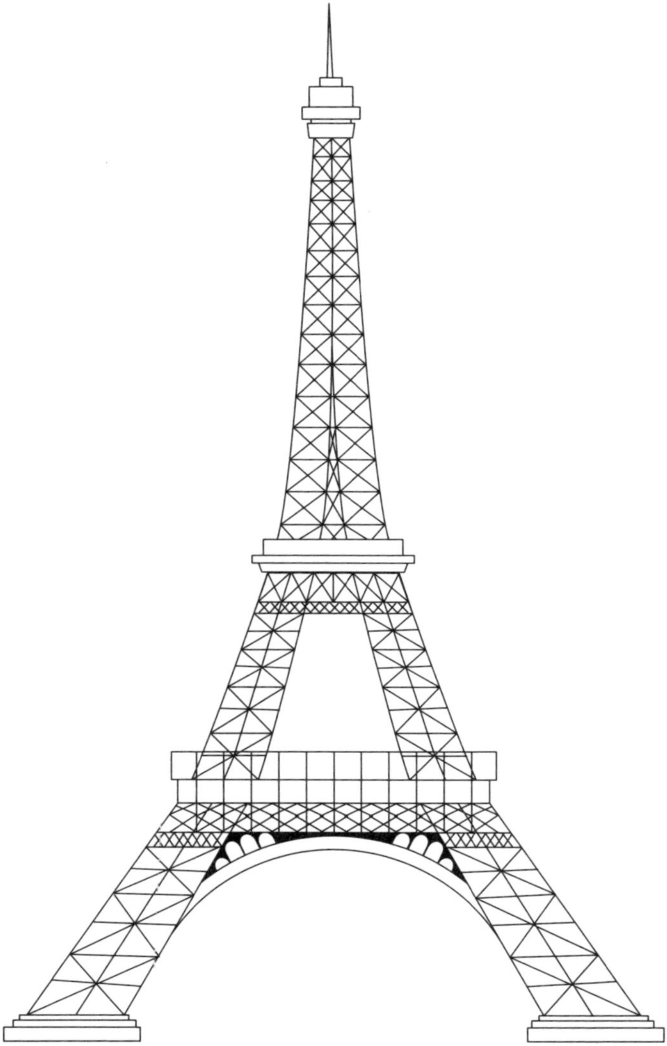

Gustave Eiffel hat das Wahrzeichen von Paris geschaffen. Der nach seinem Konstrukteur benannte Turm ist bis heute Symbol Frankreichs.

Achtung genießen. Gesellschaftliche Anerkennung ist für Techniker schwerer zu erlangen; sie machen nicht viel Wind um ihre Werke. Sie sind mit dem Lösen von Problemen beschäftigt, statt Reden zu schwingen. Die meisten Menschen nehmen die Wunder der Ingenieurskunst, alles, was die moderne Technik heute an Annehmlichkeiten bereithält, für selbstverständlich. Erst wenn etwas nicht funktioniert, merken wir, wie sehr unsere Gesellschaft von der Technik und damit von Ingenieuren abhängt, um zu funktionieren.

Diese Selbstverständlichkeit ist jedoch vielleicht die höchste Form von Anerkennung für wahre Ingenieure – bedeutet sie doch, dass alles funktioniert. Gute Technik und gutes Design erleichtern das Leben, ergänzen die Fähigkeiten des Menschen und drängen sich nicht auf. Eine Maschine, die funktioniert wie geplant, ist das größte Glück des Ingenieurs.

44

… weil Ingenieure mit ihrer Unterhaltungselektronik Jung und Alt glücklich machen

Zu einem erfüllten Leben gehören Dinge, die Spaß machen. Genau daran haben Ingenieure einen maßgeblichen Anteil.

Ausgeklügelte Unterhaltungselektronik trägt dazu bei, dass wir uns wohlfühlen und dem Stress einer komplexen Welt entfliehen können.

Vor über 120 Jahren erfand ein Ingenieur das Gerät, das zu der Deutschen liebster Freizeitbeschäftigung geworden ist: den Fernseher. Der Techniker Paul Julius Gottlieb Nipkow ließ sich im

Jahr 1886 die Idee für ein »Elektrisches Teleskop zur elektrischen Wiedergabe leuchtender Objekte« patentieren. Er legte damit die Grundlage fürs Fernsehen, auch wenn seine Nipkow-Scheibe, wie sich in späteren Tests herausstellte, nicht praxistauglich war. Im Jahr 1897 entwickelten Ferdinand Braun und Jonathan Zenneck dann eine Kathodenstrahlröhre, die sogenannte Braun'sche Röhre. Durch elektrostatische Ablenkplatten und elektromagnetische Spulen ließen sich Bildpunkte auf eine mit Leuchtstoff beschichtete Glasscheibe projizieren. Den entscheidenden Schritt von der Mechanik hin zur Elektronik ging der Naturwissenschaftler Manfred von Ardenne. Am 14. Dezember 1930 übertrug er die erste vollelektronische Fernsehsendung der Geschichte: die Konturen einer sich hin und her bewegenden Schere, in 20 Bildwechseln pro Sekunde.

Zum Massenmedium wurde der Fernseher in Deutschland allerdings erst Anfang der 1960er Jahre. Ingenieure perfektionierten die elektronische Übertragung von Bildern. Die Geräte konnten kostengünstiger hergestellt werden. 1964 waren schon zehn Millionen Geräte angemeldet, drei Jahre später begann das Zeitalter des Farbfernsehens.

Auf der Berliner Funkausstellung 1924 wurden die ersten kommerziellen Röhren-Rundfunkempfänger vorgestellt. Die Reichweite des ersten Rundfunksenders in Berlin betrug nur einige Kilometer.

Heute besitzen über 90 Prozent aller deutschen Haushalte mindestens ein Fernsehgerät, das im Übrigen unpfändbar ist, weil es dem Menschen als allgemein zugängliche Quelle ermöglicht, sich über das Weltgeschehen zu informieren. Die Nutzungszeiten sind von täglich durchschnittlich 190 Minuten in den 1990er Jahren auf 212 Minuten im Jahr 2009 angestiegen. Im gleichen Maße ist die

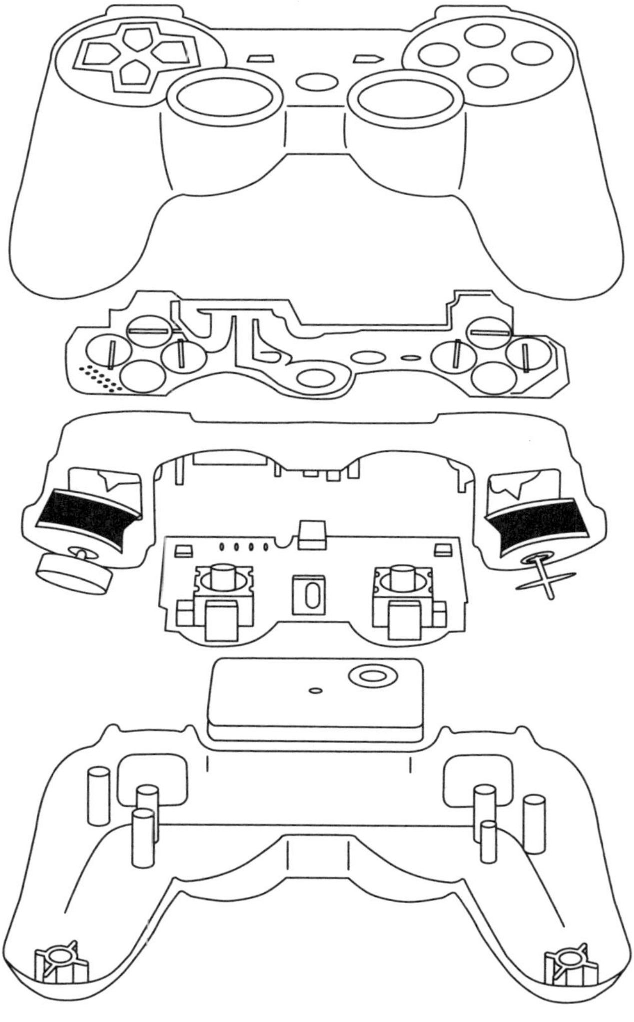

Die Playstation kam 1994 auf den Markt und ist bis heute eine der weltweit meistverkauften Spielkonsolen. Im Laufe der Jahre erschienen mehrere tausend Spiele.

Qualität des Bildes, wenn auch nicht des Programms, gestiegen. So erfanden die Amerikaner Donald L. Bizer und H. Gene Slottow 1964 den Flachbildschirm, der eigentlich als Computerbildschirm entwickelt wurde, bald aber auch im TV-Bereich zum Einsatz kam. Heute haben LCD- und Plasma-Displays den Röhrenfernseher weitgehend abgelöst. Das Fernsehen folgt der allgemeinen Digitalisierung der Medien und bietet ein breites Spektrum von HDTV bis zum Mobil-TV. Dass wir heute im heimischen Wohnzimmer audiovisuellen Hochgenuss erleben können, verdanken wir den Ingenieuren.

Auch für Menschen, die nicht einfach Bild und Ton genießen, sondern gleichzeitig aktiv sein wollen, haben Ingenieure etwas erfunden: Aus den frühen Videospielkonsolen von Atari oder Sega entwickelten Ingenieure der konkurrierenden Firmen die Xbox (Microsoft), die Playstation (Sony) oder die Wii (Nintendo), die seit 2006 auf dem Markt ist. In die Wii haben japanische Ingenieure eine sensationelle Neuheit eingebaut: Die Controller der Konsole verfügen über Bewegungssensoren, welche sowohl die Position des Controllers im Raum als auch seine Bewegung erkennen können. Diese werden dann in die Bewegungen von Spielfiguren auf dem Bildschirm umgesetzt. All das geschieht per Infrarot mit Hilfe zweier Sensoren an Fernbedienung und Fernseher und eines Beschleunigungsprozessors. So regen Bildschirmspiele dazu an, sich zu bewegen.

Ob Stereoanlage, DVD-Player, Digitalkamera oder Autoradio – Unterhaltungselektronik ist aus unserem Leben nicht mehr wegzudenken. Sie bereichert, amüsiert und vernetzt uns in Freizeit und Beruf. Mit immer neuen Innovationen werden Ingenieure auch weiter dafür sorgen, dass uns nie langweilig wird.

45

… weil Ingenieure die Weltsicht verändern

Nicht die Philosophie, sondern der Ingenieur Nikolaus Kopernikus hat die Aufklärung in Gang gebracht.

Die Welt, wie wir sie heute verstehen, wäre ohne Ingenieure vermutlich eine ganz andere. Das Weltbild des Mittelalters, die letzten Wahrheiten von Religion, Philosophie und Wissenschaft, brachen in sich zusammen, als ein polnischer Ingenieur namens Nikolaus Kopernikus 1543 seine Überlegungen »Über die Umschwünge der himmlischen Kugelschalen« veröffentlicht sah. Meister Kopernikus selbst allerdings hatte sein Werk unter Verschluss gehalten, in der Vertiefung einer Wand seines Hauses, wohl wissend um die fundamentale Herausforderung, die es für weltliche Machthaber und Kirche darstellte. Er hatte es nur seinem Schüler Joachim Rheticus, einem Professor der Universität Wittenberg, zum Lesen gegeben, nicht ahnend, dass dieser die Schrift sogleich in Druck geben würde. Als Kopernikus sein »De revolutionibus« plötzlich gedruckt sah, bekam er einen Herzinfarkt und starb.

Damals waren Astronomen in etwa das Gleiche wie Astrologen – ihre wichtigste Aufgabe bestand darin, jeden Morgen möglichst präzise Horoskope für einen Fürsten zu erstellen. Kopernikus aber war alles andere als ein Sterndeuter, er war Wissenschaftler und Mathematiker, ein früher Ingenieur. Er schloss aus seinen Beobachtungen des Himmels, dass nicht die Sonne sich um die Erde, sondern die Erde sich um die Sonne drehte. Eine dramatische – und dramatisch gefährliche – Entdeckung, besagte sie doch, dass Jesus irgendwo am Rand des Universums geboren war.

Die kopernikanische Wende, das Aufkommen des heliozentrischen Weltbildes, erschütterte die Gewissheiten des Mittelalters in ihrem Innersten. Nicht nur die katholische Kirche, sondern auch Luther lehnte Kopernikus' Theorien ab und bezeichnete ihn als »lausigen Astronomen« – schließlich befiehlt Josua in der Heiligen Schrift der Sonne – und nicht der Erde –, in ihrem Lauf innezuhalten.

Die Erde bewegt sich, die Sonne steht still – diese Erkenntnis revolutionierte im 16. Jahrhundert die Geschichte der Wissenschaft.

In jenem Zeitalter, der frühen Neuzeit, entwickelte sich eine neue soziale Schicht, zu der auch Kopernikus gezählt wird: die der Wissenschaftler-Ingenieure. Sie verbanden revolutionäre wissenschaftliche Entdeckungen in der Astronomie und das große handwerkliche Wissen des Mittelalters, um Lösungen für die gewaltigen technischen Herausforderungen ihrer Zeit zu suchen: Schiffsbau, Artillerie, Architektur, Navigation auf hoher See. Zu ihnen gehörte auch ein Italiener namens Galileo Galilei.

Der Universalgelehrte überprüfte mit dem Fernrohr Kopernikus' Theorien. Er beobachtete Hunderte unbekannte Sterne, entdeckte, dass der Mond keine Scheibe ist, und gab den vier Jupiter-Monden, die er fand, ihre Namen. Seine »Dialoge«, in denen er Kopernikus belegte, brachten ihn in Konflikt mit der Kirche: 1615 verurteilte man ihn zu lebenslanger Haft, die nur dank seiner Freundschaft zu Papst Urban VIII. in Hausarrest umgewandelt wurde. Das Wort Universum durfte er fortan nicht mehr in den

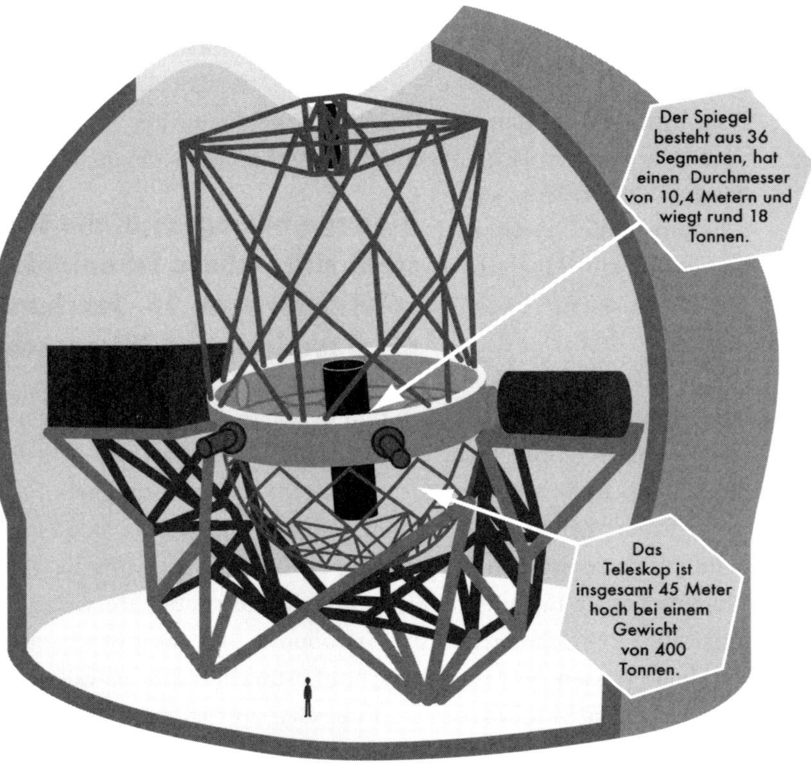

Granteca, das größte Spiegelteleskop der Welt, hat die Sehkraft von vier Millionen menschlichen Pupillen.

Mund nehmen, und man nötigte ihn, seinen Überzeugungen abzuschwören. Das tat Galileo gezwungenermaßen – soll aber zum Schluss die legendären Worte gemurmelt haben: »Und sie bewegt sich doch.«

Das Interesse der Wissenschaftler-Ingenieure für Himmelskörper zu dieser Zeit hatte konkrete Folgen für das Verständnis von Physik und Technik – ohne sie wären Newtons Theorien über Mechanik, Gravitation und Kräfte und damit alle moderne Ingenieurskunst nicht möglich gewesen. Aber auch für Geisteswissenschaften, Theologie und Philosophie hatten die vielen sehr weltlichen und praktischen Überlegungen revolutionäre Folgen. Die kopernikanische Wende trug dazu bei, dass im 17. Jahrhundert ein völlig neues Weltbild entstand. Das geozentrische Dogma der katholischen Kirche wurde allmählich abgelöst durch das Zeitalter der Aufklärung. Erst kam Kopernikus, dann Kant.

46

… weil sich Ingenieure stets ihrer Verantwortung stellen müssen

Technik ist von großem Nutzen, kann aber auch immensen Schaden anrichten. Ingenieurshandeln folgt deshalb klaren ethischen Grundsätzen.

»Die ganze Weltgeschichte ist ein ewig wiederholter Kampf der Herrschsucht und Freiheit«, sagte Friedrich Schiller einmal. Sieht man sich die Errungenschaften und Entdeckungen der letzten Jahrtausende an, kann man dem Dichterfürsten nur recht geben. In der Rückschau zeigt sich, dass es immer wieder Kriege waren, die Wendepunkte in der Geschichte markierten und zu der Welt führten, in der wir heute leben. Welche Seite gewann, war fast immer abhängig davon, welche Technologien im Kampf zum Einsatz kamen, weniger von der Größe und Stärke der Kampftruppe. Auch große Feldherren hatten immer Ingenieure an ihrer Seite, die sie mit siegversprechender Technik versorgten.

Der preußische Generalfeldmarschall und Heeresreformer August Wilhelm Antonius Graf Neidhardt von Gneisenau hatte als Blüchers Stabschef wesentlichen Anteil am Sieg bei Waterloo in den Napoleonischen Kriegen. Im Studium in Erfurt hatte er sich ausführlich mit Ingenieurkunde, Befestigungsbau und Artilleriewesen beschäftigt. Im Jahr 1808 wird er Chef des dem Heer unterstellten Ingenieurkorps. Die Ingenieuroffiziere taten außerhalb des Truppenverbandes in Festungen, bei Behörden oder Militärschulen ihren Dienst. Sie waren zum Kriegsministerium, dem Generalstab, zu Studienkommissionen, als Lehrer der Kriegsakademie, der Artillerie- und Ingenieurschule, der Hauptkadettenanstalt und der Kriegsschulen kommandiert. Gneisenau wurde ins preußische Kriegsministerium berufen.

Die Geschichte des Ingenieurberufs ist eng mit dem Militärwesen verbunden. Aus ihrem technischen Knowhow erwächst Ingenieuren eine besondere Verantwortung.

Die ersten im Hochmittelalter urkundlich erwähnten »ingeniatores« waren Experten im Belagerungskrieg. Das Hebelwurfgeschütz Tribock, auch Blide genannt, war eine der wichtigsten waffentechnischen Neuerungen dieser Zeit. Die Blide funktioniert nach dem Hebelprinzip. Die ursprünglich durch Muskelkraft von Menschen beschränkte Wirkung wurde nun durch ein Gewicht erhöht, das auf der kurzen Armseite für die Beschleunigung der langen Armseite sorgte. Am Ende der langen Armseite wurde zusätzlich eine Schlinge angebracht, so dass die Rotation des Wurfarmes und der Schlinge für eine enorme Beschleunigung sorgte. Bliden schleuderten Geschosse bis zu 100 Kilogramm über 450 Meter weit. Fremde Armeen konnten damit über einige Entfernung attackiert werden, schwer einzunehmende Festungen beschädigt oder sogar zerstört werden. Bliden dienten nicht der Humanisierung des Krieges, halfen aber, Belagerungszeiten zu verkürzen und den Krieg zu entscheiden.

Ob Sieg oder Niederlage – es waren oft die Erfindungen berühmter Ingenieure, die den Ausschlag gaben. Nicht alle waren sich ihrer besonderen Verantwortung bewusst. Technik wirkt schließlich im nützlichen und auch im schädlichen Sinne. Der Verein Deutscher Ingenieure hat deshalb die ethischen Grundsätze für Ingenieure zusammengefasst. Darin heißt es unter anderem: »Die spezifische Ingenieurverantwortung verbietet, Produkte für ausschließlich unmoralische Nutzung (beispielsweise ausgedrückt durch internationale Ächtung) zu entwickeln und unwägbare Gefahren und unkontrollierbare Risikopotenziale zuzulassen.«

Es sind nicht nur Kriege, die aufgrund der unmittelbaren Gefahr für Leib und Leben den Menschen erfinderisch machen. Vor allem Neugier und Forscherdrang haben Ingenieure aus aller Welt stets zu revolutionären Entdeckungen angespornt. Der vielleicht bedeutendste Meilenstein der Neuzeit und Aufbruch in das Zeitalter der Industrialisierung war die Weiterentwicklung der von Thomas Newcomen konstruierten Dampfmaschine durch James Watt im Jahr 1769. Waren die Menschen bis dahin auf die Kraft ihrer Hände angewiesen, wandelte nun die Maschine die im Dampf enthaltene Wärme- und Druckenergie in mechanische Arbeit um. Von der englischen Textilindustrie ausgehend, trat die neue Antriebstechnik ihren Siegeszug an und markierte den Grundstein für die Industrialisierung, den Übergang von der Agrar- zur Industriegesellschaft. Die modernen Maschinen steigerten Tempo,

Leistungskraft, Stetigkeit und Präzision enorm. Dampfkraft war dabei nur der erste Meilenstein, später nutzten Maschinenbauer auch andere Energien wie Elektrizität oder Treibstoffe.

Bis heute machen Ingenieure täglich Entdeckungen, die das Gesicht der Welt maßgeblich prägen und zukünftig verändern werden. Oft enthüllt sich deren wahre Bedeutung erst später. Es lohnt sich also, die Augen offen zu halten. Denn Geschichte wird, in Anlehnung an das Sprichwort, nicht nur von Siegern geschrieben, sondern vor allem von Ingenieuren.

Der Bau einer Blide setzte großes Fachwissen voraus: »Blidenmeister« waren im Mittelalter gut ausgebildete Spezialisten.

47

… weil Ingenieure die Lebensressource Wasser erschließen

Wasser ist lebenswichtig, doch viele Menschen haben keinen Zugang zu sauberem Trinkwasser. Ingenieure helfen.

Wasser spielt bei allen Stoffwechselvorgängen eine zentrale Rolle. Doch nicht nur das Leben an sich – auch die menschliche Zivilisation, ihre Wirtschaft und Kultur, sind von Wasser abhängig. Zwei Drittel der Erdoberfläche sind mit Wasser bedeckt, 94 Prozent entfallen auf die Ozeane, 4 Prozent auf das Grundwasser, 1,7 Prozent auf die Eismassen an Nord- und Südpol. Das hört sich nach einer Menge Wasser an und legt den Gedanken nahe, die Lebensressource würde für alle Menschen im Überfluss vorhanden sein. Leider ist das Gegenteil der Fall: Unser Wasser ist sehr ungleich verteilt. Nur ein sehr geringer Teil des Süßwasservorkommens unseres Planeten ist zugänglich. Weltweit haben 1,1 Milliarden Menschen nicht einmal 20 Liter Wasser pro Tag zur Verfügung. Über zwei

Milliarden Menschen haben überhaupt keinen Zugang zu sauberem Trinkwasser und leben in ständiger Gefahr zu verdursten. In Entwicklungs- und Schwellenländern ist verunreinigtes Wasser eine tödliche Gefahr, denn es ist für einen Großteil der Krankheiten verantwortlich, an denen Millionen Menschen sterben.

Schon die Ingenieure im Alten Orient bauten komplexe Kanalanlagen, um das Wasser für die Menschen zu erschließen. Der assyrische König Sanherib realisierte um 700 v. Chr. das anspruchsvollste Wasserbauprojekt seiner Zeit. Vier Wasserzuflusssysteme mit insgesamt über 150 Kilometer Länge, Kanäle, Tunnel, Aquädukte und Wehre versorgten fortan die neu gestaltete Hauptstadt Ninive.

Heute erfordert die Knappheit technische Lösungen. Die Aufgabe von Wasserbauingenieuren und Ingenieuren der Wasser-, Abwasser- und Abfallwirtschaft besteht darin, diese Ressource weltweit schonend zu nutzen und vor Gefahren zu schützen. Ingenieure leisten dabei nicht nur mit dem Bau von Brunnen, Kanalisationssystemen und Wasserleitungen lebenswichtige Arbeit, sondern suchen grundlegende Wege, wasserwirtschaftliche Probleme in Entwicklungs- und Schwellenländern zu lösen. SODIS (Solar Water Disinfection) beispielsweise ist ein einfaches, aber wirkungsvolles Verfahren, um Wasser zu entkeimen. Der Schweizer Bauingenieur Martin Wegelin, der sich seit über 30 Jahren in der Entwicklungszusammenarbeit engagiert, hat die Methode der solaren Desinfektion entwickelt. Immer mehr Haushalte in zahlreichen Entwicklungsländern wenden sie heute an und machen sich die keimtötende Wirkung der UVA-Strahlen im Sonnenlicht zunutze. Das Wasser wird in für UV-Strahlung

Mehr als drei Millionen Menschen reinigen ihr Trinkwasser mit der SODIS-Methode.

durchlässigen PET-Flaschen aufbewahrt und – je nach Sonnenintensität – sechs Stunden bis zwei Tage dem UV-Licht ausgesetzt. Hierdurch werden Erreger von Durchfallerkrankungen, Cholera, Ruhr und Typhus abgetötet und damit Millionen von Menschen das Leben gerettet.

Auch der bayerische Unternehmer Hans Huber stellt sein Knowhow in den Dienst einer gesunden, umweltfreundlichen Wasserversorgung für alle Menschen: Die Hans Huber AG hat sich auf die Reinigung von Trinkwasser und die Behandlung von Abwässern spezialisiert. In der chinesischen Metropole Shenzhen, die über zwölf Millionen Einwohner zählt, baut die Huber AG die weltgrößte Aufbereitungsanlage, in der Klärschlamm zu Brennstoff in

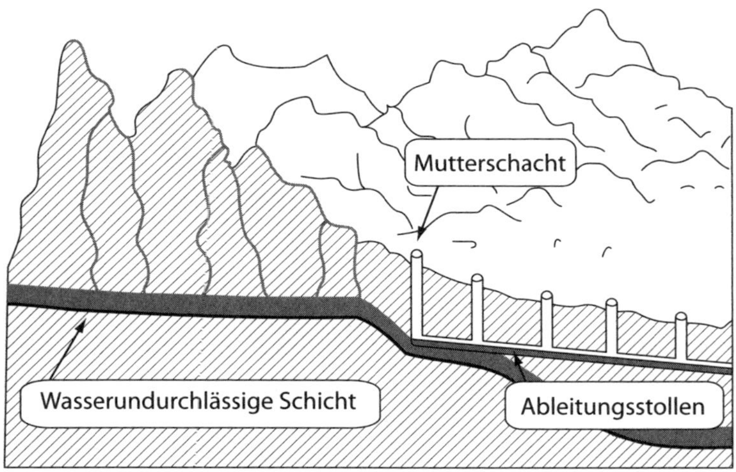

Qanat ist eine traditionelle Form der Frischwasserförderung vor allem in Wüstengebieten. Das Grundwasser wird an höherer Stelle entnommen …

Braunkohlequalität umgewandelt wird. Das ist gleich aus mehreren Gründen praktisch. Der Klärschlamm, der bei der Abwasserreinigung täglich tonnenweise anfällt, bleibt nicht nur den Bewohnern der kontinuierlich wachsenden Stadt erspart – auf diesem Weg erschließt die Huber AG Abwasser als eine neue Quelle regenerativer Energie, durch die CO_2-Emissionen vermindert werden.

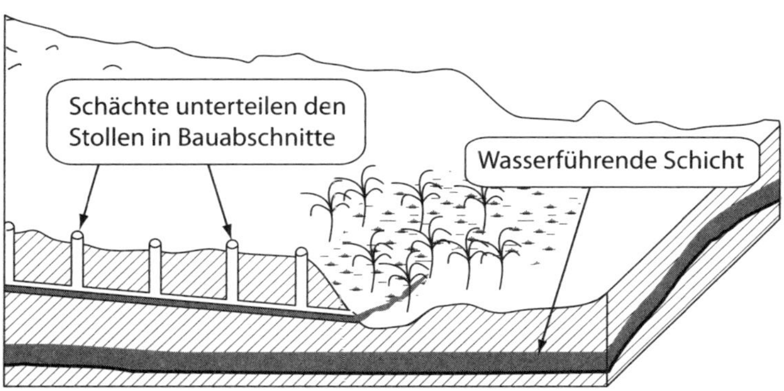

... und über den Ableitungsstollen zur tiefer liegenden Verbrauchsstelle geführt. Die senkrechten Zwischenschächte dienen der Pflege und Instandhaltung des Systems.

48

… weil Ingenieure Kommunikationsnetze schaffen, ohne die unser Leben nicht mehr vorstellbar ist

Menschen wollen jederzeit und überall auf Informationen zugreifen. Ingenieure schaffen die Voraussetzungen.

»Das Pferd frisst keinen Gurkensalat.« Das Zeitalter der modernen Kommunikation begann der Legende nach mit diesem albernen Satz aus dem Munde eines genialen deutschen Tüftlers. Philipp Reis, Mathematik- und Physiklehrer aus dem hessischen Örtchen Friedrichsdorf, sprach diese Worte, als er seine wichtigste Erfindung vorführte, ein Gerät, das die menschliche Stimme elektrisch übertragen konnte: das Telefon, Meilenstein der Kommunikationstechnologie. »Durch meinen Physikunterricht dazu veranlasst, griff ich im Jahre 1860 eine schon früher begonnene Arbeit über die Gehörwerkzeuge wieder auf und hatte bald die Freude, meine Mühen durch Erfolg belohnt zu sehen, indem es mir gelang, einen Apparat zu erfinden, durch welchen es möglich wird, die Funktionen der Gehörwerkzeuge klar und anschaulich zu machen, durch welchen man aber auch Töne aller Art durch den galvanischen Strom in jede Richtung reproduzieren kann. Ich nannte das Instrument Telefon«, schrieb Reis in seinen Lebenserinnerungen.

Worunter der Bäckerssohn bis zum Lebensende litt, war die Gleichgültigkeit des versammelten Fachpublikums, als er 1861 sein Telefon dem Physikalischen Verein in Frankfurt vorführte. Keiner der Anwesenden konnte sich so recht vorstellen, wozu der Apparat des Hobbybastlers eigentlich gut sein sollte. Immerhin vermittelte der Verein aber den Kontakt zu einem Frankfurter Mechaniker, der das Telefon in Serie produzierte und für 21 Gulden in alle Welt verkaufte – als wissenschaftliches Demonstrationsobjekt.

Die IT- und Kommunikationsbranche ist durch kleine und mittlere Unternehmen geprägt. Sie machen 90 Prozent der IT-Firmen in Deutschland aus und sind ein wichtiger Innovationsmotor.

Einer der Käufer war ein gewisser Alexander Graham Bell, Sprachtherapeut und Taubstummenlehrer, der gemeinhin als Erfinder des Telefons gilt. Der Amerikaner entwickelte Reis' Apparat weiter und erhielt am 7. März 1876 das Patent Nr. 174,465 – für das Telefon. Damit gewann Bell den Wettlauf um eine der revolutionärsten Erfindungen der Technikgeschichte, denn auch Ingenieure aus Italien und Frankreich hatten das Patent für sich beansprucht. Siemens baute bald Bells Telefon nach, und weil die Deutschen den inzwischen gestorbenen Philipp Reis zum rechtmäßigen Erfinder des Geräts erklärten, umgingen sie die Patentgebühren. Damals wurde klar, welches gewaltige Potenzial in der Kommunikationstechnik steckt. Das Bedürfnis, Neues zu erfahren, ist so alt wie die Menschheit. Die Geschichte der Kommunikationssysteme beginnt im 4. Jahrtausend vor Christus, als die Sumerer die ersten Piktogramme auf Tontafeln kratzten; sie führt über das mittelalterliche Botenwesen, die Erfindung des Telegramms, des Faxes und den Versand der ersten E-Mail; und sie reicht ins Jetzt, das digitale Zeitalter, mit seinen Breitbandverbindungen, Glasfasernetzen und Satelliten.

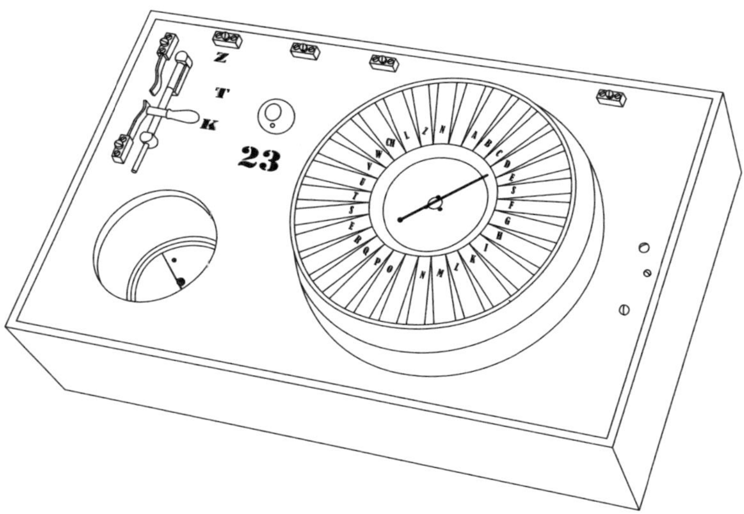

Der Zeigertelegraph revolutionierte im 19. Jahrhundert die Kommunikationstechnik. Laien konnten mit ihm erstmals Textbotschaften übermitteln.

Reis lötete vor 150 Jahren seine Apparate im Schuppen hinterm Haus zusammen, er galt als Universalerfinder. Und auch heute sind Ingenieure der Kommunikationstechnik Spezialisten auf mehreren Gebieten. Die Übergänge zwischen Elektronik und Softwaretechnik sind fließend. Informatikingenieure entwickeln mal elektronische Schaltkreise, mal programmieren sie technische Anwendungen. Sie machen Kommunikationstechnik besser, schneller und günstiger. Vor allem ihre Innovationen auf dem Gebiet der Transistor- und Halbleiterfertigung haben Internet, Telefonie und digitaler Datenspeicherung zum Durchbruch auf dem globalen Massenmarkt verholfen.

An Technik-Pionier Reis erinnert heute übrigens eine besondere Auszeichnung für begabte Ingenieure: Der »Johann-Philipp-Reis-Preis« wird alle zwei Jahre für herausragende Erfindungen auf dem Gebiet der Nachrichtentechnik vergeben, zum Beispiel für Arbeiten zur »Künstlichen Bandbreitenerweiterung von Telefonsprache« oder zur verbesserten Datenübertragung im mobilen Internet.

49

… weil Ingenieure die große Hoffnung für Faulenzer sind

Bequemlichkeit ist ein wichtiger Impuls, Neues zu erfinden – gut ist, was Arbeit erleichtert, Zeit spart und Effizienz erhöht.

Machen wir uns nichts vor: Die großen Erfindungen der Weltgeschichte verdanken wir der Faulheit. Menschen arbeiten seit jeher daran, das Leben leichter zu machen. Wer läuft gerne, wenn er auf einem Fahrrad sitzen kann? Wer hackt gern Holz, wenn er nur die Heizung hochdrehen muss? Wer walkt schon mit der Hand, wenn es Waschmaschinen gibt?

Faulheit ist eine schlecht angesehene Eigenschaft. Fast niemand gibt zu, leidenschaftlich faul zu sein. Dem Christentum gilt die »Trägheit des Herzens« als eines der sieben Hauptlaster, Fleiß dagegen als Zeichen eines gottgefälligen Lebens. In der Antike allerdings waren Muße und Kontemplation erstrebenswerte Ideale. Der französische Sozialist Paul Lafargue sprach sich für ein Recht auf Faulheit aus: »O Faulheit, erbarme du dich des unendlichen Elends! O Faulheit, Mutter der Künste und der edlen Tugenden, sei du der Balsam für die Schmerzen der Menschheit!« Und Anatole France meinte sogar: »Die Arbeit ist etwas Unnatürliches. Die Faulheit allein ist göttlich.«

Die größte Hoffung der Faulenzer sind die Ingenieure. Denn jeder neu gewonnenen Freizeit geht Erfindergeist voraus. Schon der geniale, unbekannte Erfinder des Rades war im Grunde seiner Seele ein Ingenieur. Er hat seinen Mitmenschen viel Arbeit erspart. Noch heute geht es Ingenieuren darum, Techniken und Maschinen zu konstruieren, die uns die Arbeit abnehmen, Zeit sparen und das Leben angenehmer machen.

1886 patentierte die Amerikanerin Josephine Cochran erstmals eine Maschine, für die ihr noch heute viele Menschen dankbar sind und die schon so manche Beziehung gerettet hat: die Spülmaschine. Ihr Antrieb war Bequemlichkeit: Einerseits ärgerte sie sich darüber, dass ihre Hausangestellten nach jeder ihrer zahlreichen Partys beim Abwasch viel Geschirr zu Bruch gehen ließen, andererseits verspürte sie keinerlei Drang, die lästige Arbeit selbst zu erledigen. Im Inneren ihrer Maschine bewegte ein Rad die Teller und Tassen, die in einen Drahtkorb gesetzt wurden, im Kreis, während heißes Seifenwasser sie reinigte. Gegen die Erfindung ihrer Chefin liefen allerdings die

Konrad Zuse bastelte 1934 im Wohnzimmer seiner Eltern in Berlin an einer programmgesteuerten Rechenmaschine auf mechanischer Basis – die Grundform des Computers. Seine Begründung: der »eigenen Faulheit wegen«. Der Ingenieur hatte keine Lust mehr zu aufwändigen statistischen Berechnungen.

Hausangestellten Sturm: Sie befürchteten, überflüssig zu werden. Es dauerte bis in die sechziger Jahre, bis sich Spülmaschinen in Deutschland durchsetzten. Heute fehlen sie in kaum einem Haushalt. Sogar die Umwelt profitiert inzwischen: Moderne Spülmaschinen benötigen weniger Wasser und Energie, als beim Spülen mit der Hand verbraucht werden.

Faulheit ist eine der wichtigsten Triebfedern des Fortschritts. Es geht nicht unbedingt um Müßiggang und Drückebergerei, sondern darum, kostbare Lebenszeit zu sparen und unsere Energie nicht mit nutzlosen Alltagsgeschäften zu verschwenden, um Effizienz eben. Fortschritt durch Faulheit erhöht die Produktivität, nutzt uns allen und ermöglicht ein freieres Leben.

Es gibt natürlich auch Auswüchse: Ob zum Beispiel das sich selbst machende Bett, das sich der Schweizer Enrico Berruti ausgedacht hat, eine Zukunft hat, ist zweifelhaft. Auch der »Care-O-bot« wird sich wohl nicht in vielen Haushalten durchsetzen. Dieser Serviceroboter, der aussieht wie die Mischung aus Butler, Staubsauger und Pinguin, unterstützt seinen Besitzer im Haushalt. Die dritte Generation der Maschine ist mit einem flexiblen Arm und Drei-Finger-Hand ausgestattet. Damit kann sie Alltagsgegenstände greifen und sogar Haushaltsgeräte bedienen. Mit Stereovision-Farbkameras, Laserscannern und einer 3-D-Tiefenbildkamera erfasst er seine Umwelt. Allerdings ist es vom Care-O-bot bis zum Terminator aus dem Sciencefiction-Film noch ein langer Weg – vor der Weltherrschaft der Roboter muss sich niemand fürchten.

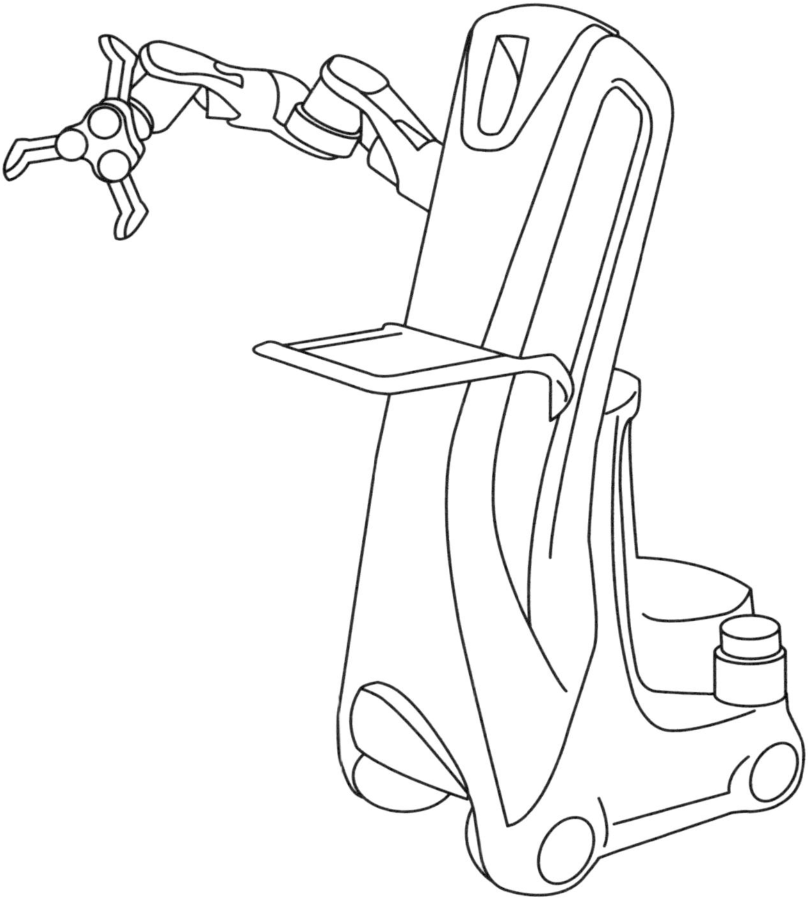

Der interaktive, mobile Butler Care-O-bot® kann sich sicher unter Menschen bewegen, Haushaltsgegenstände greifen und sich mit dem Menschen austauschen.

50

... weil Ingenieure Kultur schaffen

Sie rechnen, feilen, optimieren. Gerade aus dem ständigen Ringen um Effizienz entsteht häufig Künstlerisches.

Kultur und Ingenieurswesen – diese beiden Bereiche der Gesellschaft haben auf den ersten Blick wenig miteinander zu tun. Ein »Kulturingenieur« beschäftigt sich bezeichnenderweise nicht mit Musik, Literatur und Kunst, sondern mit Bodenkultur, das heißt Meliorationswesen, Bewässerung, Zu- und Abflüssen. Technik ist darauf spezialisiert, zweckmäßig zu funktionieren. Keine Schraube zu viel, kein Teil der Maschine, das überflüssig wäre. Ingenieure arbeiten effizient, um die Kosten möglichst niedrig zu halten – aber auch weil es ein Merkmal guten Designs ist, einfach und elegant auszusehen.

Zum anderen ist vielen Ingenieuren auch ein künstlerischer Geist eigen, der bisweilen erst sehr viel später gewürdigt wird. Was früher nur als Maschine galt, wird heute der Kultur zugerechnet: etwa die riesigen Artefakte der Industriearchitektur des 19. Jahrhunderts, die im Ruhrgebiet an Kohleförderung und Stahlproduktion erinnern. Die Überreste der Schwerindustrie dienen heute als Kulisse von Kulturereignissen und sind damit selbst Teil von Kultur – gerade weil sie durch den Kontrast etwa zu Musik und Schauspiel besonders beeindrucken. Ihre Bedeutung hat sich gewandelt, aber ihre eigene, raue Ästhetik ist geblieben.

Und natürlich gibt es sie, die Ingenieure, die auch Künstler sind. Zum Beispiel der Ingenieur und leidenschaftliche Musiker Dieter Burmester. Er spielt in mehreren Bands, wurde aber mit etwas anderem berühmt: seinen Highend-Musikgeräten. Oder der Schriftsteller Wladimir Kaminer, der gelernter Toningenieur ist. Oder der ehemalige IBM-Ingenieur Luciano de Crescenzo, der ebenfalls Schriftsteller ist. Auch der Modeschöpfer und Erfinder des Bikinis, Louis Réard, ist Ingenieur. In manchem scheinbar rein technischen Job geht es nicht ohne künstlerisches Talent, zum Beispiel bei The-

Die neun Musen sind die griechischen Schutzgöttinnen der Künste und Wissenschaften: Kalliope (epische Dichtung, Rhetorik, Philosophie und Wissenschaft), Terpsichore (Chorlyrik und Tanz), Urania (Sternkunde), Melpomene (Tragödie) …

ater-Ingenieuren, die Wirkung und Ästhetik ihrer Bauten im Auge haben müssen.

Dennoch sehen sich die allermeisten Ingenieure nicht als Künstler, sondern sind stolz darauf, Techniker zu sein. Das bedeutet allerdings nicht, dass sie sich weniger für Oper, Museen, Konzerte oder Vernissagen interessieren. Ingenieure blicken nur anders darauf.

Künstler und Ingenieure sind verwandte Berufungen: Beide arbeiten kreativ, intuitiv, fantasievoll. Das machen sich Universitäten zunutze, zum Beispiel die Hochschule für Angewandte Wissenschaften München. Sie kombiniert technische, wirtschafts- oder sozialwissenschaftliche Studien mit künstlerischem Angebot: Die Studenten haben die Möglichkeit, im Chor oder Orchester einen Ausgleich zu ihrem Studienalltag zu finden. An der Hamburger Hochschule für bildende Künste erhalten Ingenieurstudenten der

… Klio (Geschichtsschreibung), Thalia (Komödie), Erato (Liebesdichtung), Euterpe (Lyrik und Flötenspiel), Polyhymnia (Gesang mit der Leier)

Technischen Uni Hamburg-Harburg die Möglichkeit, sich kreativ zu betätigen. Sie drucken Radierungen oder improvisieren Theaterstücke. Nach einem ähnlichen Prinzip funktioniert der Männerchor Bayer Leverkusen. Hier singen sich viele Mitarbeiter des Chemie-Riesen die Technik von der Seele.

Mancher Ingenieur beneidet Künstler nämlich insgeheim. Sie sind niemandem Rechenschaft schuldig und unterliegen weniger Zwängen von Kosten und Zeit. Statt funktional und zweckmäßig bis ins Detail darf ein Künstler Sinnloses schaffen und provozieren. Seine Arbeit muss sich nicht durch Funktionalität rechtfertigen, sondern es bleibt dem Betrachter, Zuhörer oder Leser überlassen, welche Bedeutung er einem Werk zumisst. Ingenieure dagegen stehen unter dem ständigen Druck, die Nützlichkeit ihres Tuns zu erklären.

Die Hochschule für Angewandte Wissenschaften München fördert mit einem Studium generale in Bigband, Chor und Orchester auch die musikalischen und kulturellen Fähigkeiten ihrer angehenden Ingenieure. www.hm.edu

51

… weil Ingenieure leben, was seit jeher gilt: Der Mensch ist ein Techniker

Der Mensch gestaltet sich die Welt, wie sie ihm gefällt – mit der Hilfe von Ingenieuren.

Während Tiere evolutionsbedingt gut an ihre Umwelt angepasst sind, musste der Mensch sich seinen Lebensraum erst erobern – lautet eine Theorie der Anthropologie. Der Mensch ist weder spezialisiert, noch hat er so ausgeprägte Instinkte wie ein Tier. Nach Ansicht des Philosophen Johann Gottlieb Fichte bewältigt er mittels Technik die Natur, der er im Gegensatz zum Tier sonst schutzlos ausgeliefert wäre. Er gestaltet seine Lebenswelt, passt sie sich an, um so entlastet zu werden.

Der Altphilologe Wolfgang Schadewaldt charakterisiert Technik als Ur-Humanum, das heißt als dem Menschen wesenhaft:

In dem Moment, in dem der Mensch auf der Welt erscheint, entwickelt sich auch die Technik.

Philosophen und Schriftsteller haben zu allen Zeiten über technischen Fortschritt reflektiert und sind der Frage nachgegangen, ob er die Menschen sich selbst entfremdet oder ihnen im Gegenteil wesenseigen ist. Frühes Zeugnis und berühmtes Beispiel ist der Mythos von Prometheus, der den Menschen das Feuer und technische Intelligenz brachte, die Fähigkeit, Metall zu bearbeiten oder das Meer zu bezwingen. Der antike griechische Philosoph Platon stellt technisches Handeln als lebensnotwendig für den Menschen dar. Prometheus' Tugenden, Klugheit und Kenntnisse sichern den Menschen die Existenz, bringen Wohlstand und Zukunft. Wissenschaft und Technik befähigen den Menschen erst zur Autonomie.

Technik (altgr. téchne, Fähigkeit, Kunstfertigkeit, Handwerk) bezeichnet Verfahren und Fähigkeiten zur praktischen Anwendung der Naturwissenschaften.

Neue Maschinen wie die Uhr, der Computer oder das Flugzeug bewirken, dass wir die Welt neu wahrnehmen. So verändern technische Infrastrukturen die Gesellschaft und das Zusammenleben ihrer Mitglieder in einem permanenten Prozess. Eine Fülle von sprachlichen Bildern verweist auf unser Verhältnis zur Technik: der Mensch als Ingenieur; Motor der Gesellschaft; wie ein Uhrwerk arbeiten; eine lange Leitung haben, um nur einige Beispiele zu nennen.

Technik weist über sich selbst hinaus. Wer über Technik nachdenkt, sie beschreibt, entwirft immer auch ein Bild der Menschen und der Gesellschaft, die sie hervorbringen. Durch Technik stellt der Mensch sich selbst dar. Sie ist eine seiner wichtigsten Errungenschaften, die ihm zugleich Verantwortung auferlegt.

Das Institut für Technikfolgenabschätzung und Systemanalyse erarbeitet und vermittelt Wissen über die Folgen menschlichen Handelns und den Einsatz von neuen Technologien. Welche Vor- und Nachteile bringt die Technik für den Menschen, wie sollte sie aussehen, um wirtschaftlich und ökologisch verträglich zu sein? Auf all diese Fragen versucht die Technikfolgenabschätzung eine Antwort zu geben. Sie identifiziert Risiken, zeigt Perspektiven auf, berät Politik und Wissenschaft. Genauso wie es falsch wäre, Technik zu glorifizieren, ist es falsch, sie zu dämonisieren. Technik ist aus unserer Welt nicht wegzudenken. Sie ist dem Menschen eigen. Unsere Aufgabe ist es, sie im Sinne einer nachhaltigen Entwicklung zu gestalten. Das ist die Herausforderung für Ingenieure.

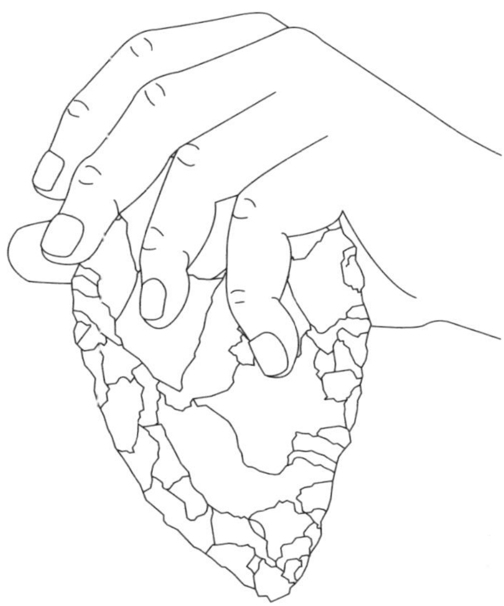

Der Faustkeil ist das älteste Werkzeug des Menschen, über 40 000 Jahre alt.

52

… weil Ingenieure für Naturwissenschaft und Technik werben

Ingenieure sind eine selbstbewusste Community. Selbstverständlich kümmern sie sich um ihren Nachwuchs.

Das Innovationspotenzial in Deutschland und damit die Sicherung des Wohlstandes wird maßgeblich vom Ausbildungsstand bestimmt. Entscheidend ist die Fähigkeit von Unternehmen und Organisationen, das vorhandene Wissen in neue Produkte und Dienstleistungen umzusetzen. Junge Menschen müssen von Kindesbeinen an nicht nur im Sprachenerwerb und in musisch-künstlerischen Fertigkeiten gefördert werden. Auch die sogenannten MINT-Fächer – Mathematik, Informatik, Naturwissenschaften und Technik – dürfen in Kindergarten, Schule und Ausbildung nicht zu kurz kommen. Die Gemeinschaft der Ingenieure sorgt dafür, dass das Niveau in diesen Fächern Weltklasse bleibt.

Ingenieure engagieren sich nicht nur in ihrer täglichen Arbeit, sondern auch in ihrer Freizeit für ihren Beruf. Dafür haben sie sich in Initiativen, Vereinen und Stiftungen organisiert. Die Initiative MINT bündelt Projekte deutschlandweit mit dem Ziel, den Unterricht in den MINT-Fächern zu verbessern und Schüler für naturwissenschaftlich-mathematisch-technische Themen zu begeistern.

Im Technikum begleiten Schulabgänger Ingenieure oder Forscher, lernen in fünf bis acht Monaten die Arbeit in einer Firma kennen und erhalten nebenbei Einblick in naturwissenschaftliche und technische Studiengänge. www.technikum.de

Vom Projekt »Promis«, das junge Menschen mit Migrationshintergrund unterstützt, über die Junior-Ingenieur-Akademie in Elbe-Elster bis zu »Zukunft Technik entdecken« der ThyssenKrupp AG – in vielfältigen Projekten in allen Teilen Deutschlands gewinnen Ingenieure Jugendliche für ihren Beruf. Sie bieten Knowhow, Netzwerke, Stipendien und Förderprogramme – die jungen Leute Ideen, Kreativität und neue Erfindungen.

In Schülerlaboren, Kinderunis, Girls' Days, Tandems und Wettbewerben machen sich Ingenieure stark für Kooperationen zwischen Schule, Wissenschaft und Unternehmen. Sie unterstützen Erzieher in der Arbeit und fördern in den Kitas den Umgang mit Naturwissenschaften und Technik. Sie bilden Lehrer fort und beraten bei der Berufswahl. Praktiker können Akzente setzen und wichtige Impulse geben. Als Quereinsteiger unterrichten sie sogar selbst an Berufsschulen, technischen Gymnasien oder Berufskollegs. Daneben bilden Hochschulen Ingenieurpädagogen aus, die beispielsweise im Bildungswesen eines Unternehmens arbeiten und dort die betriebliche Bildung organisieren.

Eine Gesellschaft ist für ihren Zusammenhalt darauf angewiesen, dass sich gerade ihre stärksten Mitglieder für das Gemeinwohl einsetzen. Dazu gehört auch, in Bildung, Ausbildung und Qualifizierung zu investieren, damit sich unser Land im internationalen Wettbewerb dauerhaft an der Spitze behaupten kann.

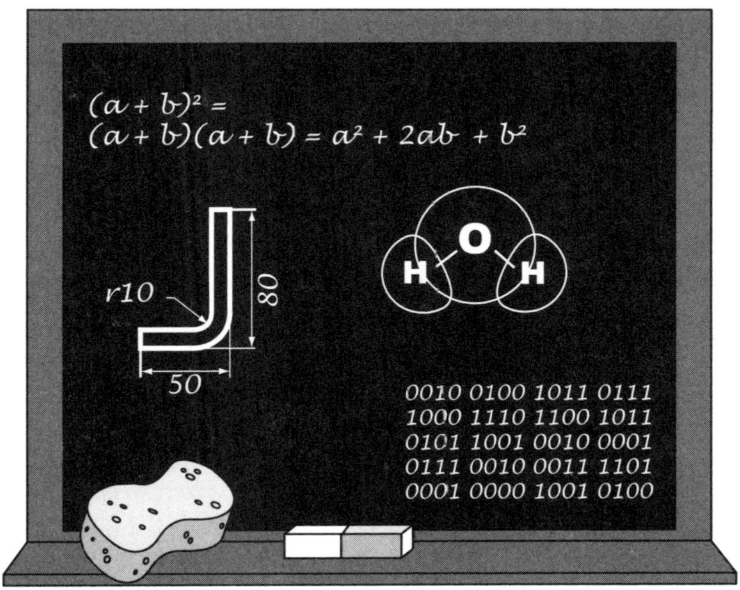

Ingenieure kümmern sich um die frühe Förderung in MINT-Fächern an den Schulen (Mathematik, Informatik, Naturwissenschaften, Technik).

53

… weil Ingenieure wissenschaftliche Forschung befeuern

Ganz gleich, ob im Großen, bei der Entstehungsgeschichte des Universums, oder im Kleinen, der Analyse unserer Gene – stets sind Ingenieure beteiligt, wissenschaftliche Erkenntnis zu modellieren und umzusetzen.

Ein Großteil wissenschaftlicher Forschung beruht auf den Fähigkeiten und Fertigkeiten von Ingenieuren. Sie setzen wissenschaftliche Theorien in praktischen Nutzen um. Ebenso wichtig sind sie für den Bau von Maschinen und Apparaturen, mit deren Hilfe wissenschaftliche Erkenntnisse gewonnen werden können. Sie konstruieren für Wissenschaftler Modelle als Forschungsobjekte und als Mittel zum Zweck.

Wissenschaftlicher Fortschritt wäre ohne Ingenieure nicht möglich. Am Beispiel der Genetik wird deutlich, was Ingenieure leisten: 1953 entdeckten der US-Amerikaner James Watson und der Brite Francis Crick die Doppelhelix-Struktur der DNS – des Biomoleküls, das unsere Erbinformation trägt. Es entbrannte ein fieberhafter Wettlauf darum, das menschliche Genom zu entschlüsseln, um mehr über das Leben zu erfahren und neue Medikamente gezielt gegen (Erb-)Krankheiten zu entwickeln. Die DNS-Sequenzierung zur Bestimmung der Informationsabfolge auf den Biomolekülen gilt als eine Revolution in den Wissenschaften. Hier helfen Ingenieure, indem sie Maschinen entwickeln, die Hunderte DNS-Proben gleichzeitig umfüllen, zentrifugieren und auswerten können.

Das europäische Forschungszentrum für Teilchenphysik CERN wurde 1954 gegründet. Es ist das weltweit größte Zentrum für Teilchenphysik und wird von 20 europäischen Ländern finanziert. www.cern.ch

Mitte der 1990er Jahre begann die Zeit der Genom-Forschung. Nachdem anfangs einige Bakterien sequenziert worden waren, entschloss man sich im Rahmen des »Human Genom Projects«, das gesamte menschliche Erbgut zu entschlüsseln. Eigentlich waren für das Mammutprojekt 15 Jahre angesetzt, dank immer besserer Technik gelang die Entschlüsselung jedoch schon früher. Obwohl einzelne Bedeutungen der Gene noch nicht bekannt sind, gilt das menschliche Genom seit 2003 als entschlüsselt.

Auf dem Genom Campus im Sanger Institute in Hinxton, einem kleinen englischen Dorf in der Nähe von Cambridge, arbeiten 75 Ingenieure Tag und Nacht daran, DNS-Proben zu sequenzieren. Die Proben werden aufbereitet und gelangen danach durch dünne Röhrchen auf kleine Kunststoffplatten, auf denen das Erbmolekül vollautomatisch »Buchstabe für Buchstabe« gelesen wird. Ohne Ingenieure und die von ihnen entwickelten Sequenzierautomaten

Wissenschaftliche Forschung beruht auch auf den Fähigkeiten und Fertigkeiten von Ingenieuren: Sie konstruieren Modelle, Apparaturen und Instrumente.

wäre das »Human Genom Project« nicht möglich gewesen, das die vollständige Entschlüsselung der menschlichen Erbinformation zum Ziel hatte.

Aber nicht nur in den Biowissenschaften spielen Ingenieure eine zentrale Rolle. Sie helfen Wissenschaftlern bei der Spurensuche im Universum. Ihre Maschinen bringen Licht ins Dunkel der Frage, wie es überhaupt entstanden ist. Um die innerste Struktur der Materie zu untersuchen, werden Teilchen durch elektromagnetische Wellen extrem beschleunigt und zur Kollision gebracht. Aus astronomischen Beobachtungen wissen wir, dass unser Universum vor etwa 13,7 Milliarden Jahren in einem gewaltigen Urknall entstanden ist. Seitdem dehnt es sich aus und kühlt ab. Der Teilchenbeschleuniger funktioniert wie eine Zeitmaschine, mit deren Hilfe die Wissenschaftler zurück zum Urknall reisen können. Sie lassen atomare Materieteilchen heftig zusammenstoßen und erzeugen so kurzzeitig Bedingungen wie in der heißen Babyphase unseres Kosmos. Damit sind moderne Kreisbeschleuniger in der Lage, die Situation des Weltalls bis wenige Millisekunden nach dem Urknall zu simulieren.

Der größte Teilchenbeschleuniger der Welt ist der LHC (Large Hadron Collider) am Europäischen Kernforschungszentrum CERN in Genf. Er hat einen Umfang von fast 27 Kilometern und liegt 50 bis 150 Meter unter der Erde. Mehr als 10 000 Wissenschaftler und Ingenieure unterschiedlicher Fachdisziplinen haben zum Bau dieser gigantischen Maschine beigetragen. Auch wenn sie technisch noch nicht perfekt ist und wir bis heute nicht genau wissen, was genau während des Urknalls passiert ist, bereitet sie doch den Weg, um den letzten Fragen über die Entstehung des Universums auf die Spur zu kommen.

54

… weil Ingenieure oft auch erfolgreiche Unternehmer sind

Ingenieure suchen ihr Wissen in Produkte umzuwandeln und diese zu vermarkten. Ihre Fähigkeiten machen sie oft zu erfolgreichen Unternehmern.

Wer an Ingenieure denkt, die sich mit ihrer Idee selbständig gemacht haben, dem kommen zuerst die großen Persönlichkeiten des Automobilbaus in den Sinn: Carl Benz und Gottlieb Daimler, André Citroën oder Ferdinand Porsche. Dann große Industrielle wie August Thyssen oder Friedrich Krupp. Doch es gibt weit mehr Ingenieure, die ein erfolgreiches Unternehmen gegründet haben.

Ein prominentes Beispiel ist Jil Sander. Die »Queen of less« hat sich als Schöpferin zeitloser Mode einen Namen gemacht. Schon in ihrer Jugend in den 1950er Jahren zeigte die stilbewusste Heidemarie Jiline Sander ein außergewöhnliches Modebewusstsein, eine

Leidenschaft, an der sie zeit ihres Lebens beharrlich festhielt. Das notwendige Knowhow für ihre Karriere sammelte sie mit ihrem Ingenieurstudium: Nach Abschluss der Realschule studierte die in Wesselburen bei Hamburg geborene Frau Textilingenieurwesen. Nach zwei Jahren in Los Angeles kehrte sie nach Deutschland zurück und arbeitete zunächst als Modejournalistin – bevor sie 1967 eine eigene Boutique eröffnete und ein Jahr später die Jil Sander GmbH gründete. 1974 brachte sie ihre erste Kollektion heraus, und nur zwei Jahre später gelang ihr mit einem ganz eigenen Stil der Durchbruch. Seitdem hat die Ingenieurin Jil Sander immer wieder durch ihre außergewöhnliche Kreativität, ihren Geschäftssinn und ihr Durchhaltevermögen von sich Reden gemacht.

Eine Vielzahl Ingenieure nutzt ihren Sachverstand und Ideenreichtum, um eine eigene Firma zu gründen und diese zum Marktführer auszubauen. Zum Beispiel Aloys Wobben – der »Bill Gates von Ostfriesland«. Diesen Namen hat er sich verdient, weil er genau wie der Computer-Magnat Gates sein Unternehmen in einer Garage startete. Wobbens Firma Enercon stellt moderne Windkraftanlagen her. Enercon ist heute mit großem Abstand Marktführer in Deutschland und weltweit auf Platz zwei. Geboren wurde Wobben, der Pionier der Windenergie, 1952 in Rastdorf, Niedersachsen. Der neugierige Tüftler machte eine Ausbildung zum Elektromaschinenbauer, bevor er ein Studium der Elektrotechnik aufnahm. Basteln und Erfinden war immer Wobbens Leidenschaft. Bereits früh hat er damit begonnen, einfache Elektromotoren zusammenzubauen. Bald darauf stand die erste selbstgebaute Windmühle in

Nach Angaben des Statistischen Bundesamtes gab es im Jahr 2008 deutschlandweit 1 025 000 Ingenieure. 161 000 davon waren selbständig – jeder sechste.

seinem Garten. Sowohl seine Bescheidenheit – die Firmenzentrale liegt mitten in Ostfriesland und hat nicht viel mit den Palästen anderer Unternehmen gemein – als auch höchste Ansprüche an die Qualität seiner Produkte hat Wobben von Beginn seiner Karriere bis heute beibehalten. Die wichtigsten Teile seiner Windkraftanlagen entwirft der 58-jährige Ingenieur immer noch selbst.

Frank Asbeck ist ein ander Unternehmertyp. Obwohl er – Diplom-Ingenieur der Agrarwissenschaften – genau wie sein Kollege auf den Bereich der grünen Technologien setzt, gilt er als Exzentriker, der nicht nur wegen seines Unternehmens, sondern auch wegen seines genussfreudigen Lebensstils gern als »Sonnenkönig« tituliert wird. Nachdem Asbeck Ende der 1970er Jahre eine Karriere bei den Grünen in seinem Landkreis begonnen hatte, zog er sich 1987 aus der Politik zurück und gründete ein Ingenieurbüro, dessen Geschäftsfeld der findige Asbeck bald vorausschauend um den Handel mit Fotovoltaik-Modulen und anderen Komponenten zur Solarenergiegewinnung erweiterte. 1998 gründete Asbeck die Firma Solarworld, die er im Folgenden still und leise an die Weltspitze geführt hat: Mit ihren Fotovoltaik-Anlagen gehört Solarworld zu den Weltmarktführern, und Asbeck ist zum Multimillionär aufgestiegen.

Auch wenn die scheue Jil Sander, der Tüftler Aloys Wobben und der Exzentriker Frank Asbeck verschiedene Lebensweisen pflegen, ähneln sie sich doch in der Art, wie sie ihre Unternehmen führen: mit Durchhaltevermögen, Anpassungsfähigkeit und ihrer anscheinend nie versiegenden Kreativität. Eine weitere Gemeinsamkeit zwischen den Ingenieuren ist ihr Hang zur Perfektion: Die Genauigkeit und der Wunsch, die optimale Lösung zu finden, zeichnen sie aus. Ohne diese Fähigkeiten hätten es Wobben, Sander und Asbeck nicht an die Spitze geschafft.

Das neue ThyssenKrupp Quartier in Essen symbolisiert die Innovationskraft des Weltkonzerns.

55

.... weil Ingenieure bis heute den größten Einfluss auf die Gestaltung der Welt haben

Spitzentechnologien folgen Visionen. Das moderne Leben kann nur derjenige in seiner Komplexität verstehen, der auch um das Wirken der Ingenieure weiß.

»Ingenieure sind die Kamele, auf denen die Kaufleute und Politiker reiten«, hat Eugen Kogon einmal gesagt. Der Soziologe befragte 1976 über 20 000 Ingenieure zu dieser Aussage, zwei Drittel stimmten ihr zu. Was despektierlich klingt, hat einen wahren Kern: Ingenieure sichern und verbessern die Lebensgrundlagen aller

Menschen. Sind sie aber ausschließlich technikfixierte Spezialisten, ernten andere den Erfolg.

Der Ingenieur des 21. Jahrhunderts ist kein reiner Technikspezialist mehr, er arbeitet vielmehr in beweglichen Strukturen, oft projektbezogen. Er kooperiert mit anderen und berücksichtigt Aspekte der Nachhaltigkeit. Internationalisierung und Globalisierung prägen seine Arbeit. Doch das Entscheidende ist, und das galt zu allen Zeiten: Jeder Ingenieur ist von einer Vision beflügelt, will die Welt verändern – und tut es mit seinen Erfindungen oft auch.

Zukunftstechnologien sind das Ergebnis vieler Hände und Köpfe, vom Wissenschaftler, der die Grundlagen erforscht, über den Politiker, der die Rahmenbedingungen schafft, bis zum Kaufmann, der das Produkt am Markt verkauft. Ingenieure übernehmen in diesem Prozess unterschiedliche Funktionen. Sie sind nicht allein verantwortlich für Technik, aber sie sitzen an allen Verbindungsstellen der immer komplizierteren Beziehung zwischen Mensch und Maschine. Fantasie, Kreativität, Fähigkeiten und Erfahrungen der Ingenieure haben bis heute mehr Einfluss auf die Ausgestaltung der Welt als jede andere Berufsgruppe.

Die Europäische Route der Industriekultur verbindet die wichtigsten Standorte des industriellen Erbes Europas. www.erih.net

Ingenieure gestalten mit ihren Erfindungen die Welt neu.

Was zu tun bleibt

Um meine Vision von einem modernen, wettbewerbsfreudigen und lebenswerten Deutschland zu erreichen, müssen wir die richtigen Prioritäten setzen, Prioritäten, von denen ich überzeugt bin, dass sie uns helfen, die Technik in Deutschland voranzubringen.

1. Priorität: Technik braucht Begeisterung

Um für Technik zu begeistern, muss man Technik begreifbar und erlebbar machen. Umfragen zeigen, dass die meisten Deutschen nicht technikskeptisch sind. Millionen beschäftigen sich im Alltag und in ihrer Freizeit mit technischen Produkten. Der Umgang mit dem Handy, der Digitalkamera oder dem Computer gelingt nicht nur den Jüngeren unter uns spielerisch und ist selbstverständlich.

Auf der Homepage der Fachgruppe Metallurgie und Werkstofftechnik der RWTH Aachen findet sich eine bemerkenswerte Definition von Technik: »Technik«, so heißt es dort, »ist das praktische Zusammenspiel aus Spieltrieb, Chemie, Physik, Mathematik, Mechanik und Erfindergeist.« Spieltrieb und Erfindergeist, das lässt aufhorchen. Es ist richtig und wichtig, gerade die kreative Seite der Technik zu betonen. Die Menschen für Technik zu begeistern war und ist auch das Ziel unserer Initiative »Zukunft Technik entdecken«, die ThyssenKrupp gemeinsam mit zahlreichen Partnern aus Politik, Wirtschaft und Wissenschaft ins Leben gerufen hat.

Ein Journalist der »Aachener Zeitung« schrieb: »Wie kann man die Menschen für Technik begeistern? Die Antwort: Man lädt alle ein, zeigt das Faszinierende, lässt anfassen und ausprobieren und die begeisterten Macher selber mal zu Wort kommen.« Unser

»IdeenPark« hat unseren Partnern, aber auch mir ganz persönlich gezeigt, dass es gelingen kann, Menschen für Technik zu begeistern.

2. Priorität: Technik braucht Köpfe

Wir brauchen Versteher, Entdecker und Mitmacher, Pioniere, die bereit sind, für einen möglichen Fortschritt etwas zu riskieren: wirtschaftlich denken, dabei kreativ und bereit sein, bisher Unerhörtes zu wagen. Ich bin froh, dass wir viele dieser Menschen in Deutschland haben. Aber wir haben nicht genug von ihnen, und das macht mir Sorge. Wir sollten Studenten und Ingenieure aus aller Welt einladen, hier zu leben und zu arbeiten. Nur durch Weltoffenheit können wir uns am Weltmarkt behaupten. Wir brauchen eine arbeitsmarktorientierte Zuwanderungspolitik.

Mein Lieblingsbeispiel für gelungene Zuwanderung sind die schlesischen Bergleute im Ruhrgebiet des 19. Jahrhunderts. Das waren Facharbeiter, qualifizierte Zuwanderer, die beim Stollenbau in ihrer Heimat andere Methoden und Arbeitsweisen gelernt hatten, als sie damals im Ruhrgebiet üblich waren. Der Austausch war eine Bereicherung für alle. Ich empfehle einen Besuch des Bergbaumuseums in Bochum – da kann man sich dieses gelungene Beispiel für Integration einmal anschauen.

Lösen wir das Thema der Zuwanderung von den ideologischen Scheuklappen. Begreifen wir es als Chance, von anderen Kulturen zu lernen und Deutschland im globalen Wettbewerb um Köpfe und Talente besser aufzustellen.

Außerdem: Technik darf nicht nur Männersache sein. Wir müssen alles tun, um junge Frauen für technische Berufe zu gewinnen. Unter den sechs beliebtesten Studiengängen an deutschen Universitäten befindet sich bei Frauen kein einziger technischer Studiengang. Bei den Männern beträgt der Anteil dagegen über 40 Prozent. Wenn es gelänge, für die jungen Frauen eine ähnlich hohe Quote zu erreichen, würde das immerhin etwa 100 000 Ingenieurstudentinnen zusätzlich bedeuten. Und durch mehr Ingenieurinnen wären auch qualitative Fortschritte möglich. Frauen würden ein Auto nach einer Studie von Volvo mit anderen Schwerpunkten bei Funktionalität und Design entwickeln als Männer. Und da jedes zweite Auto von einer Frau gefahren wird, wäre es gut, wenn Frauen vermehrt auch bei Design-Entscheidungen mit am Steuer säßen.

Eine Sache liegt mir jedoch besonders am Herzen: Ingenieure entstehen bereits im Kindesalter. Und deshalb müssen wir das Technikinteresse so früh wie möglich, also bereits im Kindergarten, wecken, spätestens in der Grundschule. Woran es aber häufig fehlt, ist die Koordinierung der Aktivitäten. Technik kommt deshalb in den Lehrplänen viel zu selten vor. Wir engagieren uns an einer Grundschule in Duisburg-Marxloh. Dort haben wir gemeinsam mit dem Schulministerium und in Abstimmung mit der Schule eine Technikkiste entwickelt, die den Lehrern dabei hilft, mit einfachen Versuchen Schülern technische und naturwissenschaftliche Phänomene zu erklären.

3. Priorität: Technik braucht Unternehmertum

Begeisterung und Köpfe helfen nicht, wenn die PS nicht auf die Straße gelangen, also Wachstum und Wohlstand hier bei uns in Deutschland schaffen. Der ehemalige Bundespräsident Horst Köhler brachte es auf den Punkt: Anpacken heißt das Gebot der Stunde. Klar ist, wir können nur durch Qualität, kaum mehr durch Quantität wachsen. Die Kausalkette lautet also: Bildung und Forschung führen zu Innovation und technischem Fortschritt und dadurch zu Wachstum und Arbeit.

Innovative Ideen entstehen oft im Kleinen. Kleine Unternehmen haben jedoch häufig große Mühe, ihre guten Ideen in

Produkte und Dienstleistungen umzusetzen. Unternehmertum braucht finanzielle Ressourcen, also Risikokapital. Es ist gut, dass sich die Venture-Capital-Aktivitäten verstärkt haben. Aber die Mittel müssen wesentlich gezielter fließen. Wir brauchen Exzellenzzentren – das ist die Keimzelle des Unternehmertums. Immerhin erreichen dort 90 Prozent der Start-up-Firmen das fünfte Lebensjahr. Die Quote außerhalb solcher Zentren liegt nur bei 50 Prozent.

4. Priorität: Technik braucht Werkstoffe

Sichere und sparsame Autos, hygienisch verpackte Lebensmittel, Handy und PC – nahezu alle Bereiche des täglichen Lebens sind ohne die Entwicklung moderner Materialien undenkbar. Werkstoffe wie Stahl oder andere Metalle, Kunststoffe oder Keramik bestimmen unser Alltagsleben. Zwei Drittel aller technischen Innovationen hängen direkt oder indirekt von den Eigenschaften und der Raffinesse der verwendeten Materialien ab. Werkstoffinnovationen sind Basisinnovationen und dienen vielfach als Impulsgeber für wichtige Branchen, ob Fahrzeugbau, Maschinen- und Anlagenbau, Chemie und Energieversorgung, Elektronik und Elektrotechnik, Medizintechnik, aber auch die Informations- und Kommunikationstechnik.

In Deutschland sind traditionell hohe Werkstoffkompetenzen vorhanden. Daher entstehen immer wieder Innovationen. Beim Bau des neuen Superflugzeugs Airbus A380 sind es die Verbundwerkstoffe. Die European Aeronautic Defence and Space Company (EADS) baut den Rumpf für das größte Passagierflugzeug der Welt aus einem neuen Sandwich-Werkstoff, der aus Aluminium und glasfaserverstärktem Klebstoff besteht, wodurch ein geringeres Gewicht und eine höhere Sicherheit gewährleistet werden. Eine Vielzahl technischer Probleme, die sich durch die Eigenschaften eines einzelnen Werkstoffes nicht beheben lassen, werden durch die Kombination verschiedener Werkstoffe gelöst.

5. Priorität: Technik braucht Beharrlichkeit

Die RWTH in Aachen hat fast ein Vierteljahrhundert für die konsequente Ausrichtung auf Hochtechnologie gebraucht. Jetzt sind die Erfolge sichtbar: Knapp 1000 Unternehmen mit 25 000 neuen Arbeitsplätzen sind als Spin-offs von Professoren und Absolventen im Umfeld der Uni entstanden. Einige davon haben sich sogar zu Weltmarktführern entwickelt, wie die Firma Aixtron, die Maschinen für die Halbleitertechnik herstellt.

Beharrlichkeit meint nicht nur Geduld, sondern auch, in Forschung und Entwicklung ausreichend und langfristig zu investieren. Beharrlichkeit ist aber nicht nur eine Frage des Geldes, sondern auch eine Frage der persönlichen Haltung.

Einzigartig ist die Pionierleistung von Otto Lilienthal, der gegen alle Widerstände und trotz aller Rückschläge immer an seiner Idee festhielt und 1894 zum ersten Flieger der Menschheit wurde. Mehr als 100 Jahre später beginnt nun die Ära des Airbus A380. Beharrlichkeit zeichnete auch Karl Benz und Gottlieb Daimler aus, die 1886 mit motorgetriebenem Dreirad und Motorkutsche die Menschheit mobil gemacht haben. Bis heute ist die Automobilindustrie eine deutsche Erfolgsgeschichte geblieben, sofern es uns gelingt, neueste Antriebstechniken zu entwickeln.

6. und wichtigste Priorität: Technik braucht Menschen

Technik wird von Menschen für Menschen gemacht und soll Menschen nutzen. Wir müssen aufhören, uns selbst schlechtzureden und alles schlechtzumachen. Die Menschen sind das größte Kapital, das wir in Deutschland haben, um die Zukunft der Technik zu gestalten.

Technischer Fortschritt und Wachstum haben immer mit Menschen zu tun, die neugierig sind. Neugierig wie der jugendliche Stefan Hecht aus Berlin-Köpenick, der 1991 am Wettbewerb »Jugend forscht« teilnahm und untersuchte, welche chemische Reaktion Glühwürmchen zum Leuchten bringt. Hecht, mittlerweile Chemiker und Nanotechnologe am Max-Planck-Institut für Kohlenforschung in Mülheim an der Ruhr, wurde vom Magazin »Technology Review« des Massachusetts Institute of Technology (MIT) im letzten Jahr in die Liste der hundert Top-Innovatoren der Welt aufgenommen.

Wir brauchen Menschen, die Verkrustungen aufbrechen, weil sie es wagen, die Seite zu wechseln. So wie Tim Lüth. Als einziger Robotik-Professor Deutschlands arbeitet der studierte Elektrotechniker seit 1997 in einem Krankenhaus. Regelmäßig begleitet er Ärzte in den OP-Saal, um herauszufinden, welche technischen Innovationen die Arbeit der Chirurgen erleichtern könnten. Zusammen mit seinen Medizinkollegen vom Berliner Virchow-Klinikum sorgte Lüth für ein Novum in der deutschen Medizintechnik: Erstmals wurde ein ingenieurwissenschaftliches Fach mit einer chirurgischen Disziplin institutionell verzahnt. Ein Team aus Ingenieuren und Informatikern entwickelt seitdem gemeinsam mit Medizinern Technologien, die in der Diagnostik, der Chirurgie und der Implantologie zum Einsatz kommen. Das zeigt, dass Innovationen oftmals an Schnittstellen verschiedener Disziplinen entstehen. Das zeigt aber auch: Technik braucht Menschen, die andere mitreißen und Verantwortung übernehmen, überall dort, wo sie leben und arbeiten.

Ekkehard D. Schulz
Essen im Sommer 2010

Internetadressen

Der IdeenPark ist eine Technik-Erlebniswelt für Jugendliche, Familien und Schüler, in der Ingenieure, Forscher und Tüftler alle zwei Jahre ihre Erfindungen präsentieren.
www.zukunft-technik-entdecken.de

Die ThyssenKrupp AG ist eines der weltweit führenden Technologieunternehmen.
www.thyssenkrupp.com

Die RWTH Aachen gehört mit ihren 260 Instituten zu den führenden europäischen Wissenschafts- und Forschungseinrichtungen.
www.rwth-aachen.de

An der TU Clausthal-Zellerfeld wird in den Bereichen Energie und Rohstoffe, Natur- und Materialwissenschaften, Wirtschaftswissenschaften, Mathematik, Informatik, Maschinenbau und Verfahrenstechnik gelehrt und geforscht.
www.tu-clausthal.de

Europas größte Sammlung kinetischer Kunst befindet sich in Gelsenkirchen.
www.gelsenkirchen.de

Angehende Studenten können zwischen mehr als 2000 ingenieurwissenschaftlichen Studiengängen deutschlandweit wählen.
www.gate4engineers.de

Ingenieure sind auf vielen Berufsfeldern tätig, einen Überblick verschafft die Internetseite:
www.think-ing.de

Das Deutsche Institut für Lebensmitteltechnik unterstützt Produktion und Entwicklung von Nahrungsmitteln.
www.dil-ev.de

Die Otto-von-Guericke-Universität Magdeburg bildet Sport-Ingenieure aus.
www.ovgu.de

Die Initiative »SmartSenior – Intelligente Dienste und Dienstleistungen für Senioren« hat das Ziel, älteren Menschen eine bestmögliche Lebensqualität zu schaffen und zu erhalten.
www.smart-senior.de

Die Initiative »Ja zu Deutschland« macht sich für Produkte »Made in Germany« stark.
www.ja-zu-deutschland.de

Die Deutsche Gesellschaft für Biomedizinische Technik fördert die Zusammenarbeit von Ingenieuren, Naturwissenschaftlern und Ärzten.
www.dgbmt.de

Die World Federation of Engineering Organisations fördert Ingenieurwissenschaften weltweit.
www.wfeo.org

»Ingenieure ohne Grenzen e.V.« ist eine gemeinnützige Hilfsorganisation.
www.ingenieure-ohne-grenzen.org

Die Bundesingenieurkammer vertritt 43 000 Ingenieure auf der Bundesebene und bei der Europäischen Union.
www.bundesingenieurkammer.de

Seifenkisten sind Spielspaß für Kinder, Sport und eine Herausforderung für Bastler.
www.seifenkisten.info

Das Seismologische Zentralobservatorium in Hannover macht seine Aufzeichnungen öffentlich zugänglich.
www.szgrf.bgr.de

Solar Water Disinfection ist ein weltweit anerkanntes Verfahren, um Trinkwasser einfach und wirksam zu reinigen.
www.sodis.ch

Die Hochschule für Angewandte Wissenschaften München bietet ihren angehenden Ingenieuren ein Studium generale in musischen Fächern.
www.hm.edu

Das Technikum vermittelt Schulabgängern in einem mehrmonatigen Praktikum Einblick in die Arbeit von Ingenieuren.
www.technikum.de

Das europäische Forschungszentrum für Teilchenphysik CERN hat 20 Mitgliedstaaten.
www.cern.ch

Die Europäische Route der Industriekultur stellt über 850 Standorte in 32 europäischen Ländern vor.
www.erih.net